新觀念伽利略

學會便能強化數學能力

指數與對數

人人出版

$$10^{-5}$$

$$10^{27}$$

$$10^{-9}$$

log

前言

或許有些人在學校的課堂上學過「對數」這個概念。
但你可能曾經好奇，對數到底有什麼用處？

舉例來說，我們會以「1 等星」來表示星星的亮度，
也會以「規模5.0」來表示地震的大小。
這些數值背後其實都隱含著對數的概念。

對數和與之相對應的「指數」，
都是能夠方便我們理解和計算較大數字的「工具」。

本書將幫助你理解對數和指數的厲害和有趣之處。
請盡情享受閱讀吧。

1 處理大數字的方法

利用大概的數字快速掌握狀況 ················ 10

將較大的數字劃分和替換 ················ 12

快速估算數字的技巧 ················ 14

如果每天能力提升1%，一年
後會怎樣呢？ ················ 16

如果我們將1.01乘以365次，
會變成超越想像的數值 ················ 18

在處理非常大的數字時，我們可以使用指數 ··· 20

指數在表示極小的數字時也很方便 ··········· 22

Coffee Break：智慧型手機的「Giga」
代表指數函數的值 ················ 24

「對數」用來表示重複相乘的次數 ··········· 26

以圖形呈現對數函數的形狀 ················ 28

指數和對數是互相對應的！ ················ 30

「函數」到底是什麼呢？ ················ 32

Coffee Break：「費米估算」：透過推理
來估計大致答案 ················ 34

Coffee Break：東京都內有多少根電線杆呢？ ······ 36

2 生活中其實充滿著對數與指數

鋼琴中也藏著指數函數的圖形 ················ 40

感染病例的數量以指數方式成長 ·············· 42

將紙張對半剪開後疊放在一起吧 ·············· 44

將紙張繼續對半裁切後疊放 ·············· 46

潛入海中越深，周圍會變得越來越暗 ········ 48

利息生利息的「複利法」 ················ 50

放射性物質的衰變也遵循倍增法則！ 52

用對數來了解吉他音格的原理 ·············· 54

地震的大小是用地震規模來比較的 56

星星的等級也是由對數決定 ·············· 58

測量噪音的單位也使用了對數 ·············· 60

酸性和鹼性的指標也是以對數表示 ·············· 62

使用對數圖形，讓長期變化一目瞭然 ········ 64

刻度不均勻卻非常實用的「對數刻度」 66

用對數圖表觀察感染人數的變化趨勢 68

從對數觀測到的宇宙法則 ················ 70

隱藏在玻璃碎片尺寸中的對數 ·············· 72

Coffee Break｜帶上太空船的計算尺 ·············· 74

3 對數是「魔法計算工具」

《指數律①》底數相同的乘方相乘，等於指數的相加 ·· **78**

《指數律②》乘方的乘方，等於指數的相乘 ·········· **80**

《指數律③》不同底數乘方相乘的乘方，等於各底數的指數先分別乘以整體指數後再相乘 **82**

Coffee Break 「2^0」「0^0」的答案為何？ ·········· **84**

《對數律①》真數的乘法可轉換為對數的加法 ···· **86**

《對數律②》真數的除法可轉換為對數的減法 ···· **88**

《對數律③》真數的乘方可簡化為簡單的乘法 ···· **90**

每日倍增的零用錢 ······················· **92**

累計超過10億日圓竟然只要這麼短的時間 ··· **94**

在沒有電腦的情況下，撐起技術發展的「類比計算機」 **96**

計算尺中隱藏著的對數原理 ··············· **98**

如何使用計算尺計算「36×42」？ ·········· **100**

Coffee Break 對數的發明使天文學家的壽命延長了一倍 **102**

4 實踐篇 對數的應用

計算時很好用的「常用對數表」 ············· **106**

使用對數計算法，計算看看131×219吧 ······ **108**

使用對數計算法，計算看看2的29次方吧 ····· **110**

使用對數計算法，計算看看2的12次方根吧 ·· **112**

存在銀行的錢會怎麼增加呢？ ··············· **114**

| Coffee Break | 對數表的製作方法 | 116 |
| Coffee Break | 布里格斯製作的「常用對數表」 | 118 |

5 對數與物理學的關聯

在科學的各種領域大放異彩的「自然常數e」 …… 122

尤拉從對數函數的微分中，發現了e …… 124

自然常數e的奇妙之處為何 …… 126

尤拉公式加速了物理學的發展 …… 128

e在物理學上的貢獻 …… 130

| Coffee Break | 揭示數學奧秘的終極公式 | 132 |
| Coffee Break | 數學界的3大數字高手是哪3個？ | 134 |

指數函數的定律總整理 …… 136

對數函數的定律總整理 …… 138

附錄

十二年國教課綱數學領域學習內容架構表 …… 141

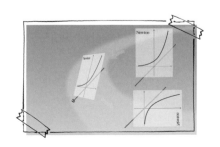

1

處理大數字
的方法

//

掌握並且善用數字，可以幫助我們理解事物
的意義和整體情況。這不僅可以提升數學能
力，還有助於理解世界，拓展視野。而「指
數」和「對數」正是讓我們變得更擅長處理
數字的工具。

利用大概的數字 快速掌握狀況

概數的心算需要很高的數學敏感度

這些商品的總金額是多少？

1. 將每個商品的價格後 2 位數 四捨五入[編註]到百位數

編註：概數的求法除了常使用的四捨五入 法，還有無條件進入法（將所求取概數位數 以下的數向前進一個位數）和無條件捨去法 （所求取概數位數以下的數全部捨去）。

537日圓 ⇨ **500**日圓

198日圓 ⇨ **200**日圓

128日圓 ⇨ **100**日圓

98日圓 ⇨ **100**日圓

777日圓 ⇨ **800**日圓

2. 將概數相加

正確計算	概數計算
128	100
537	500
198	200
777	800
98	100
1738	1700

如此可以快速掌握 大概的總金額！

成為「數字達人」的訣竅之一就是能夠快速掌握數字的大概範圍。

舉個例子，想像一下我們現在正在購物。結帳前試著計算左頁下方圖中的商品總金額。想要快速又準確地用心算算出結果可能有點困難，所以先估算看看，將每個商品的價格以100日圓、500日圓、200日圓、800日圓、100日圓代替。這樣的數字稱為「概數」（approximate number）。這樣一來就可以心算加總了，並得知答案是1700日圓。更準確計算的話，我們會知道真正的金額是1738日圓，所以可以說這個概數的計算結果還算不錯。

接著讓我們利用概數的方式，試著算算看宇宙中行進速度最快的光，前進一年的距離「1光年」相當於多少公里。請大家一起跟著計算過程，體會一下概數的便利之處。

「1光年」相當於多少公里？

1. 將一年換算成日數並取概數

1年＝365日 ➡ 400日

2. 將一天換算成小時並取概數

1日＝24小時 ➡ 20小時

3. 將一小時換算成秒數並取概數

1分鐘 ➡ 60秒　1小時 ➡ 60分鐘

3600秒 ➡ 4000秒

4. 將上述1～3的結果相乘，就可以得到一年大概有多少秒

400日×20小時×4000秒
＝32,000,000秒

光的速度
30萬公里/秒

5. 將光速乘以第4步得到的秒數，就可以得到1光年大概有多少公里

32,000,000秒×300,000公里/秒
＝9,600,000,000,000公里

9兆6000億公里

更準確的值是9兆4600億公里

11

將較大的數字劃分和替換

這樣一來，龐大的數字也變得親近易懂

用比較好想像的數字替換，更容易感受到大小

在左頁中展示了將「100兆日圓」平分給每個國民，或者將其轉換為疊在一起的長度（或東京到新山口的車程距離），以便更直接的想像其大小的方法。右頁則是將直徑「140萬公里」的太陽與地球的直徑作比較，來讓這個數字變得更好想像。

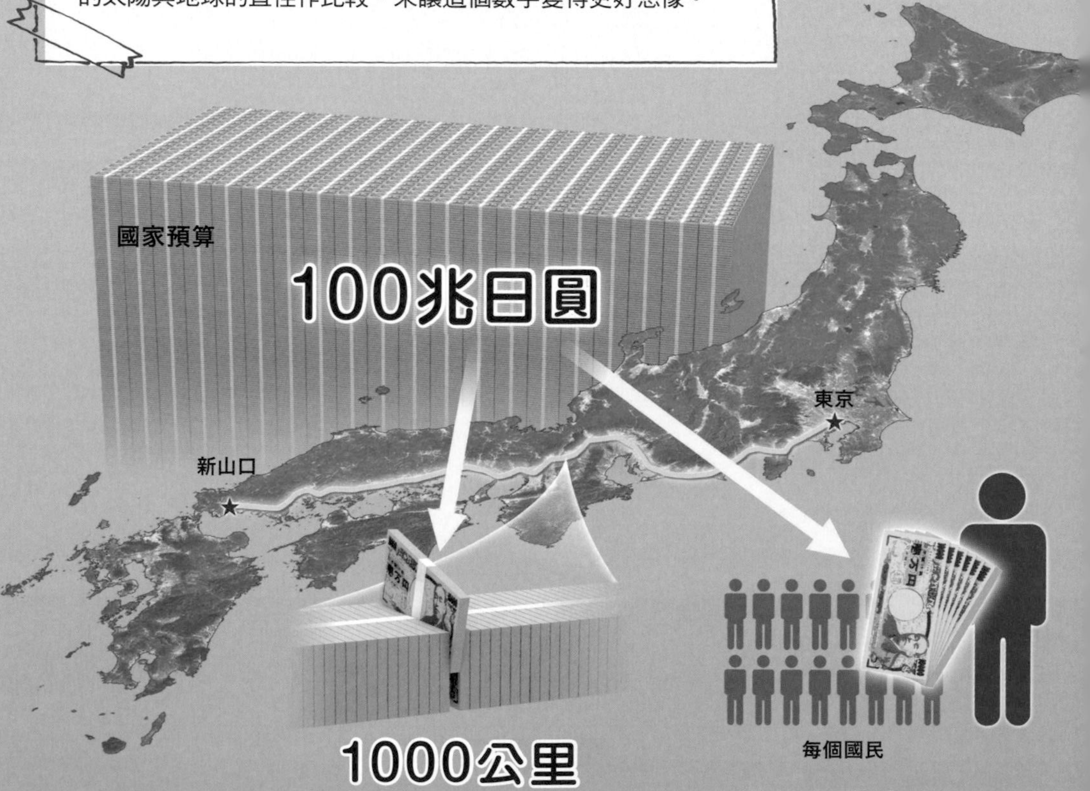

國家預算

100兆日圓

新山口

東京

1000公里

每個國民

約83萬日圓

100萬日圓的鈔票捆成一疊的厚度約為 1 公分。將一捆捆鈔票並排疊在一起，則100兆日圓的總厚度（總長度）約為1000公里。

對於太大的數值，容易感到難以想像它的大小。因此，**我們經常會使用將大數「劃分」的方法，以便更容易想像數字的大小。**

例如，假設日本的國家預算為「100兆日圓」，而日本的人口約為1億2000萬人，所以將100兆日圓平均分給約1億人，每人約得到100萬日圓；若分給1億2000萬人，則每人約得到83萬日圓。

此外，**還有一種方法是將數字「替換」為長度或其他物品的數**量。例如，100萬日圓的鈔票捆成一疊的厚度約為1公分。而100兆日圓相當於100萬日圓的鈔票1億捆，所以其厚度就是1億公分＝1000公里。

同樣地，我們可以將直徑約140萬公里的太陽，用地球作為參照物來想像。地球的直徑約為1萬3000公里，所以太陽的直徑大約是地球的100倍。這樣想的話，我們就能更容易感受到這些數字的大小。

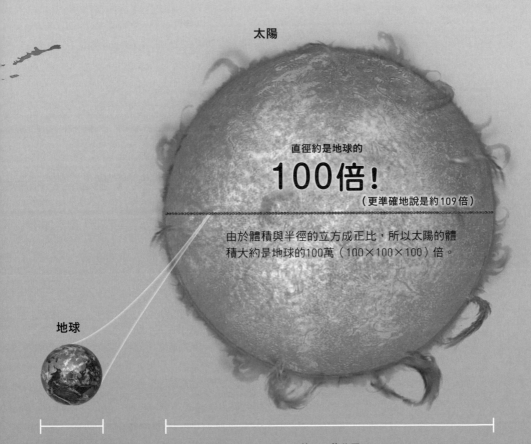

太陽

直徑約是地球的
100倍!
（更準確地說是約109倍）

由於體積與半徑的立方成正比，所以太陽的體積大約是地球的100萬（100×100×100）倍。

地球

約1萬3000公里

約140萬公里

快速估算數字的技巧

以各種不同假設估算從日本出境的人數

能夠快速估算數字的人，應該也可以被稱為數學高手吧。**舉例來說，讓我們試試看不查閱政府的統計數據，估算一下「從日本出境的人數一年有多少人？」**※。出境人數包括日本人出國以及從日本返回自己國家或前往其他國家的外國人等。

首先，如果要估計一架國際航班的乘客數編註1，最常見的機型大約是300個座位。由於不是每個航班都是滿載，我們假設平均每架航班載客約100人。不過度在意細節的數字，正是估算的一大訣竅。

接下來，假設一座機場每小時有6班國際航班起飛，也就是每10分鐘一班。根據機場的不同，航班數量可能有所不同，但間隔時間應該介於1分鐘到100分鐘之間。然後，假設機場每天的營運時間（飛機起降時間）為18小時。編註2

再者，假設全日本有10個主要的機場有國際航班進出（其他機場的出國人數較少）。最後，假設機場一年中全年無休（365天）。

現在，將這些數字相乘，會估算出一年的出境人數約為4000萬人。根據日本政府的統計數據，2017年的出境人數約為4524萬1985人。可以看出，這是一個不錯的估算。

如果估算結果與實際相差很大，那麼中間的假設可能有很大的誤差。**此時重新檢視假設有助於更詳細地了解事情的概況。**

※：假設沒有受到新冠病毒流行帶來的限制等影響，估算的是疫情以前的情況。

編註1：目前國際民航市場中市佔率最高的客機為波音737～787系列（200～300個座位）與空中巴士A320～A380系列（500～600個座位）。

編註2：目前各國機場大多禁止飛機在23:00至05:00之間起降。

假設 1
每架飛機的平均乘客數　**100 人**

假設 2
一座機場的平均出境國際航班數

1 小時 6 班(每 10 分鐘一班)

假設 3
機場每天的營運時間　**18 小時**

假設 4
有國際航班進出的主要機場數　**10 座**

假設 5
機場每年的營運天數　**365 天**

將假設1～5相乘，得到一年的出境人數約為

4000 萬人

根據日本政府的統計數據，
2017年的出境人數約為4500萬人

註：相對於空運，船運出境的人數非常少，因此不列入考慮。

如果每天能力提升1%，一年後會怎樣呢？

重複相同的乘法運算時，可以簡潔地用指數來表示

你 為了參加馬拉松比賽，每天都堅持不懈地練跑。但是，依照你目前的實力，一次最多只能跑1公里。所以你設定了一個目標，**每天跑的距離要比前一天多1%**。如果堅持達成這個目標，1年後你將能夠跑多遠呢？

假設第一天跑的距離比之前的1公里增加1%，有1.01公里（1公里加上10公尺）。接著，第二天的距離比第一天多1%，所以是1.01×1.01＝1.0201公里。第三天的距離是1.01×1.01×1.01＝1.030301公里。按照這樣的計算，第365天跑的距離就是把1.01乘以365次的結果。

1.01×1.01×1.01×…，**當我們要重複相同的乘法運算時，如果乘法的次數很多，寫起來會很麻煩。這時派上用場的就是「指數」**。

比如，把2連續乘3次，可以寫作 $2 \times 2 \times 2 = 2^3$（2的3次方）。這裡我們稱2是「底數」（base又稱基數），而寫在右上角小小的3是「指數」（index或exponent）編註。帶有指數的數，其意思是把底數連續乘以指數次的結果。使用指數的話，前面的問題可以用更簡潔的方式表示。365天後跑的距離是把1.01乘以365次的結果，所以可以寫作 1.01^{365}。

每天增加1%的跑步距離，或許你直覺上會覺得，這樣微小的目標即使堅持一年，能跑的距離大概也只有幾公里而已。那麼，這個 1.01^{365} 的數值到底是多少呢？

編註：指數的符號是由法國數學家笛卡兒（René Descartes，1596～1650）在1637年的著作《幾何學》（*La Géométrie*）中創立了 a^3、a^4 等現代指數表示法，而a的二次方當時是以aa表示。

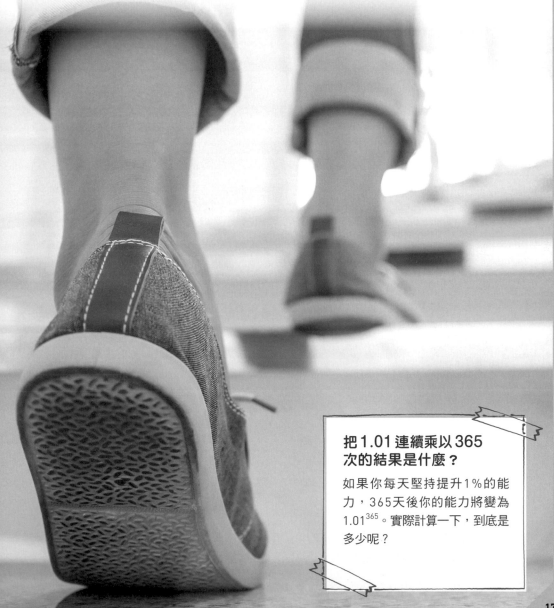

把1.01連續乘以365次　　　　　　　　　　　　底數　　指數

$$1.01 \times \cdots\cdots \times 1.01 = 1.01^{365}$$

**把1.01連續乘以365
次的結果是什麼？**

如果你每天堅持提升1%的能
力，365天後你的能力將變為
1.01^{365}。實際計算一下，到底是
多少呢？

如果我們將1.01乘以365次，會變成超越想像的數值

起初增加得很慢，但後來會開始急劇加快

讓 我們來看一下前頁問題的答案。如果我們每天跑的距離比前一天多1%，持續下去，10天後你就能夠跑約1.1公里（$1.01^{10} \fallingdotseq 1.1$），1個月後你將能夠跑約1.35公里（$1.01^{30} \fallingdotseq 1.35$），3個月後你將能夠跑約2.45公里（$1.01^{90} \fallingdotseq 2.45$）。也許在這個階段，你還難以想像自己能夠參加馬拉松比賽。

但從這裡開始，你的跑步能力會急劇提升。6個月後你可以跑6公里（$1.01^{180} \fallingdotseq 6.00$），而1年後你居然可以跑37.8公里（$1.01^{365} \fallingdotseq 37.8$）。

377天（1年加12天）後，能夠連續跑42.6公里（$1.01^{377} \fallingdotseq 42.6$）。**從1公里開始，即使增長率很小，只要不斷重複這個過程，則大約一年後你就能完賽42.195公里的馬拉松了。**編註

設 x 天後你跑的距離是 y，那麼 x 與 y 之間存在 $y = 1.01^x$ 的關係。一般來說，我們將 $y = a^x$（其中 a 是固定不變的常數，且 $a \neq 1$）這樣的函數稱為「指數函數」（exponential function）。

指數函數（當 $a > 1$ 時）的圖形斜率（slope或gradient又稱梯度，即增加的速度）起初是緩慢的。然而，隨著 x 的增加，斜率會加速增加，最終達到難以想像的程度。這種爆炸性增長的曲線常被形容為「指數性的增長」（exponential growth）。

編註：馬拉松（marathon）名稱來自公元前490年雅典與波斯之間的馬拉松戰役。前幾屆奧運會的馬拉松比賽長度大約是40公里（25英里），大致是從馬拉松到雅典的距離。直到1921年，馬拉松的長度才被嚴格規定為42公里195公尺。

1公里

現在

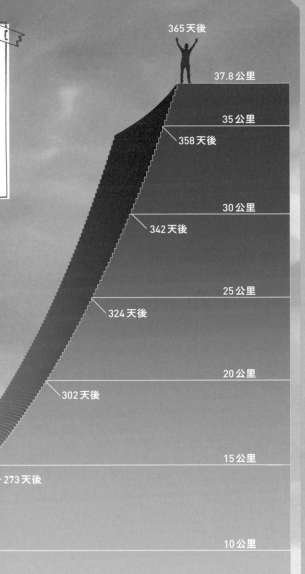

圖中的斜率逐漸變得陡峭

這張插圖以階梯的高度比喻你的跑步能力的提升。橫軸表示天數，階梯的高度代表你的跑步能力。這個階梯所代表的曲線展示了 $y = 1.01^x$ 的指數增長的情況。

365天後

37.8公里

35公里

358天後

30公里

342天後

25公里

324天後

20公里

302天後

15公里

273天後

10公里

232天後

$$y = 1.01^x$$

5公里

162天後

在處理非常大的數字時，我們可以使用指數

即使是天文數字，只要使用指數，
就可以輕鬆地進行比較

在天文學的世界中，會出現非常大的數字，例如宇宙的大小。目前可觀測的宇宙大小約為1,000,000,000,000,000,000,000,000,000公尺編註。這麼多個零排列在一起，到底有多少個零，一定很難算清楚吧。

因此，我們可以使用指數這個方便處理大數字的工具來表示宇宙的大小。這麼一來就可以將這個數字表示成「10^{27}」。在這裡我們又再一次的感受到，使用指數可以將位數很大的數字簡潔地表達出來。

當底數是10時，只要看指數就能瞬間讀出這個數字有多少位數。「指數＋1」就是該數字的位數，所以10^{27}就是28位數。**位數很大的數字，在一般表示方式下很難比較大小，只要使用指數就可以輕鬆進行比較，而且這樣較不會出現讀錯位數的情況。**

編註：目前推測可觀測宇宙直徑約為
8.8×10^{26}公尺（930億光年）$\fallingdotseq 1 \times 10^{27}$公尺。

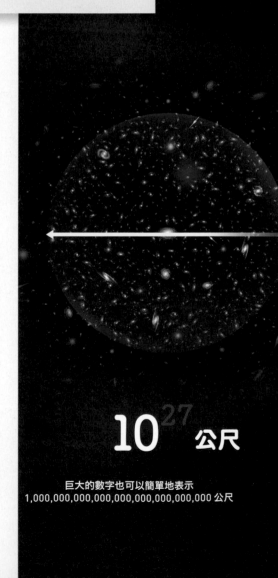

10^{27} 公尺

巨大的數字也可以簡單地表示
1,000,000,000,000,000,000,000,000,000 公尺

巨大的數字也可以簡單地表示

圖中將「可觀測的宇宙大小」以及「高樓大廈的高度」等巨大數字的概數（四捨五入至最前面的位數），以指數表示。就算是在一般表示方式下因為位數太多，以至於難以看清的數字，只要使用指數就可以簡潔且易懂地表示出來。

地球的直徑
10,000,000 公尺

10^7 公尺

人的身高
1 公尺

10^0 公尺

（$10^0 = 1$）

高樓大廈的高度
100 公尺

10^2 公尺

指數在表示極小的數字時也很方便

使用指數可以使小數點後
很多位數的數字更容易閱讀

指 數不僅適用於表示巨大的數字，也可以用於表示非常小的數字。

非常小的數字可以透過負指數來表示。例如，氫原子的大小約為0.0000000001公尺。使用指數來表示的話，可以將它改寫成10^{-10}公尺。10^{-10}讀作「10的負10次方」。

帶有負號的指數表示對底數的倒數進行連續的乘法。舉例來說，$2^{-1}=\frac{1}{2}$。剛才的10^{-10}表示$\left(\frac{1}{10}\right)^{10}$，意謂著將$\frac{1}{10}$乘以10次後的數字。

此外，當底數為10時，指數直接表示小數點後的位數。例如，10^{-10}表示這個數字在小數點後有10位。

這麼一來，**即使是非常小的數字，我們也可以使用指數來簡潔地表示，並且更容易進行比較**。

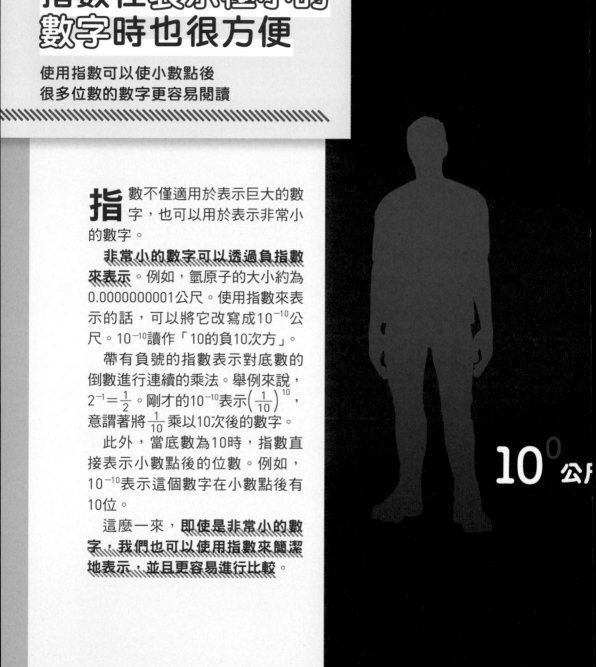

10^0公尺

非常小的數字也可以輕鬆表示

從「紅血球大小」到「原子直徑」，對於非常小的物體，我們使用指數來表示其概數。與巨大數字一樣，使用常規的表示方法可能不易閱讀，但使用指數可以更簡短易懂地表示同一個數值。

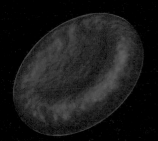

紅血球大小^{編註}
0.00001 公尺

10^{-5} 公尺

原子直徑
0.0000000001 公尺

10^{-10} 公尺

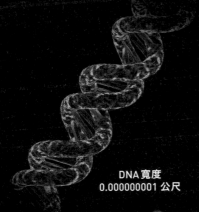

DNA 寬度
0.000000001 公尺

10^{-9} 公尺

編註：人類紅血球直徑約為6～8微米（平均7×10^{-6}公尺）≒10^{-5}公尺。原子直徑62（氦）～520（銫）皮米（平均300×10^{-12}公尺）≒10^{-10}公尺。DNA一條鏈的寬度為2.2～2.6奈米（平均2.4×10^{-9}公尺）≒10^{-9}公尺。

智慧型手機的「Giga」 代表指數函數的值

在 使用智慧型手機等通訊設備時，我們經常會聽到一些詞語，如「Megabyte（MB）」或「Gigabyte（GB）」，用來表示資料傳輸量或記憶體容量。實際上，這邊所說的「Mega（M）」和「Giga（G）」也與指數有深刻的關聯。

Mega和Giga是稱為「前綴詞」（prefix）的詞語，用來簡化較大數字的表達方式。Mega表示的是10^6（100萬），而Giga表示的是10^9（10億）。而「Byte」是數位資料容量的單位。換句話說，1 Gigabyte（GB）等於1,000,000,000 Bytes。

使用前綴詞的原因是為了方便表示很大或很小的數字。舉例來說，若寫成1,000,000,000 Bs，這樣數字中有太多0了，判斷數字大小將會花費很多時間。而且這樣還可能因為數錯0的個數而誤判數字的大小。有鑑於此，人們制定了各式各樣的前綴詞（如右側表格）。

這些前綴詞都是與「國際單位制」（Système International, SI）共同使用的「SI前綴詞」。SI是指由目前有64個成員國及36個準成員國和經濟體的國際度量衡總會（Conférence générale des poids et mesures, CGPM）所確立的世界共通單位制。

到目前為止，確立的SI前綴詞共有24個，包括2022年11月舉行的第27屆CGPM會議中提出的四個新前綴詞：表示10^{30}的「quetta（Q）」、表示10^{27}的「ronna（R）」、表示10^{-27}的「ronto（r）」和表示10^{-30}的「quecto（q）」。

這是自1991年第19屆會議以來，時隔30多年的再一次新增。近年來的科技發展，讓人類的研究範圍從廣闊的宇宙到微小的粒子世界不斷延伸。**SI前綴詞的增加，背後也意謂著由於科技發展等因素，人類所能夠處理的數字範圍正在不斷地擴大**。

SI 前綴詞一覽（橙底色的四行為2022年11月追加的四個新前綴詞）

符號	唸法	大小	
Q	Quetta	10^{30}	1,000,000,000,000,000,000,000,000,000,000
R	Ronna	10^{27}	1,000,000,000,000,000,000,000,000,000
Y	Yotta	10^{24}	1,000,000,000,000,000,000,000,000
Z	Zetta	10^{21}	1,000,000,000,000,000,000,000
E	Exa	10^{18}	1,000,000,000,000,000,000
P	Peta	10^{15}	1,000,000,000,000,000
T	Tera	10^{12}	1,000,000,000,000
G	Giga	10^{9}	1,000,000,000
M	Mega	10^{6}	1,000,000
k	Kilo	10^{3}	1,000
h	Hecto	10^{2}	100
da	Deka	10^{1}	10
		10^{0}	1
d	Deci	10^{-1}	0.1
c	Centi	10^{-2}	0.01
m	Milli	10^{-3}	0.001
μ	Micro	10^{-6}	0.000,001
n	Nano	10^{-9}	0.000,000,001
p	Pico	10^{-12}	0.000,000,000,001
f	Femto	10^{-15}	0.000,000,000,000,001
a	Atto	10^{-18}	0.000,000,000,000,000,001
z	Zepto	10^{-21}	0.000,000,000,000,000,000,001
y	Yocto	10^{-24}	0.000,000,000,000,000,000,000,001
r	Ronto	10^{-27}	0.000,000,000,000,000,000,000,000,001
q	Quecto	10^{-30}	0.000,000,000,000,000,000,000,000,000,001

「對數」用來表示重複相乘的次數

指數和對數是一體兩面的關係

假設我們每天都能以成倍的方式獲得零用錢，第一天得到1元，第二天得到2倍的2元，第三天再獲得2倍的4元……。那麼第四天會得到多少元呢？因為從第一天的1元開始，重複進行了3次的翻倍，所以是$2^3＝8$元。那麼若是將問題反過來，在第幾天的時候，我們可以獲得8

對數是指重複相乘的次數

對數是指在某個固定數字上重複進行乘法運算，得到另一個數字時所進行的乘法次數。在數學式中，一般使用「log」符號來表示對數。例如，「將2連續相乘多少次可以得到8」，此時所求的次數可以表示為，「$\log_2 8$」。

$$\log_{\bigcirc} \square$$

真數

底數

對數…○重複相乘得到□的過程中，所進行的乘法次數。○稱為「底數」，□稱為「真數」。

元呢？要求得這個問題的答案，就得應用「**對數**」（logarithm）了。

對數和指數有著緊密的關係。在指數中，可以透過指定「進行乘法的數字（底數）」和「重複相乘的次數（指數）」來表示其計算結果，例如 $10 \times 10 \times 10 = 10^3$。

而對數則是用來解答「1000是10相乘多少次得到的數字」這樣的問題，即在「進行乘法的數字（底數）」和「重複相乘所得的數字（真數antilogarithm又稱為反對數）」已知的前提下，去求解「重複相乘的次數（指數）」。因此我們可以用 $\log_{10} 1000 = 3$ 來表示上面的問題。由此可見，**對數和指數之間有著一體兩面的關係**。

對數和指數相對關係的具體例子

$$\log_2 8 = 3 \longleftrightarrow 2^3 = 8$$

$$\log_3 81 = 4 \longleftrightarrow 3^4 = 81$$

$$\log_{10} 1000 = 3 \longleftrightarrow 10^3 = 1000$$

以圖形呈現
對數函數的形狀

與指數函數不同，對數函數的變化逐漸趨緩

將 進行乘法的數字（底數）設為10，將重複進行乘法得到的數字（真數）設為x，則重複進行乘法的次數y可以表示為$y=\log_{10}x$。這個式子稱為「對數函數」（logarithmic function）。右下方的曲線就是對數函數的圖形。**對數函數的一個重要特點是，與指數函數相反，隨著x的增大，曲線變得越來越平緩**。然而，當x趨近於無窮大（infinity）時，y也會同時趨近無窮大。

另外，**如視覺、聽覺等人類的五感，其實也是根據對數的法則運作的**。人類在心理上感受到的光的強度或聲壓等物理刺激的強度變化，並不是以「增加了多少量」，而是比標準刺激中「增加了多少倍」為單位。這種性質被稱為「韋伯-費希納定律」[編註]。這個定律是由德國生理學家韋伯（Ernst Heinrich Weber，1795～1878）發現，並由他的學生費希納（Gustav Theodor Fechner，1801～1887）進行了實證，因此以他們的名字命名。

感官上的刺激，以對數函數增加

下方是對數函數$y=\log_{10}x$的圖形。隨著x的增大，圖形的斜率變得越來越平緩，是其特點之一。我們的感官其實是以對數函數的法則在運作的。

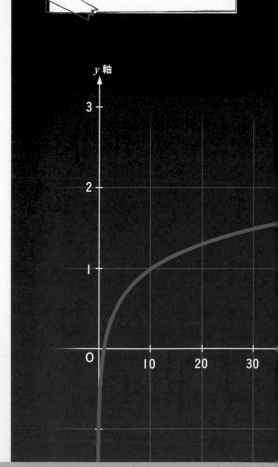

視閾曲線符合對數函數

星等（magnitude）定義了光的強度，每5等級代表100倍的差距。舉例來說，1等星比6等星亮100倍。星等上每1等的差距大約等於2.5倍的亮度差距（$2.5^5 \fallingdotseq 100$，$\log_{2.5} 100 \fallingdotseq 5$）。星等的定義方式，恰恰反映了我們的視覺對光的強度（刺激的量）呈現對數性的反應（第58～59頁）。

參宿四（0.5等）

參宿五（1.6等）

獵戶腰帶上的三顆星，從左至右（參宿一、參宿二、參宿三）分別為2.0等、1.7等、2.2等

獵戶座

參宿七（0.1等）

參宿六（2.1等）

聽閾曲線符合對數函數

聲波是透過空氣壓力的變化傳播的波動。聽覺上，我們對壓力差（聲壓）的感受以對數函數增長。音量的單位分貝（decibel）就是根據聽覺的這種特性來定義的（第60～61頁）。

聲波

$$y = \log_{10} x$$

對數函數中，即便 x 增大，y 也只會緩慢增加

50 60 70 80 90 100 110 120 130 140 x 軸

編註：韋伯-費希納定律又稱「感覺閾限定律」（law of sensory threshold），「感覺閾限」是物理刺激能量可以被個人覺察的臨界點，辨別兩個刺激之間的差異時，這兩種刺激強度最低的差異量是呈對數函數增減的。

指數和對數是互相對應的！

只要知道指數，對數也會自然浮現。

對於指數函數 $y = a^x$，當 a 大於 1 時，隨著 x 的增加，y 會急劇增加。因此，圖形會呈現陡峭上升的形狀（**1**）。

另一方面，對於對數函數 $y = \log_a x$，當 a 大於 1 時，隨著 x 的增加，y 也會增加，但增加的比例（斜率）會越來越小（**3**）。

實際上，指數函數和對數函數之間，有著一體兩面的關係。**如果我們將指數函數的圖形繪製在透明板上，以「$y = x$」直線為軸，然後將其完全翻轉（2）**[編註]**，這樣一來圖形就變成了對數函數的圖形。** 換句話說，指數函數中陡峭的部分對應到對數函數中平緩的部分。

對數函數 log 乍看之下可能很難，但是如果和指數放在一起，相信就能更好地理解它。

編註：以「$y = x$」直線為軸完全翻轉＝透明板右上角與左下角連線為軸翻轉180度。

2. 以 $y = x$ 為軸翻轉

$y = x$ 直線是一條通過原點的斜線。以這條直線為軸進行翻轉。

Galileo

翻轉後，指數函數變成了對數函數

圖中繪製了將指數函數的圖形繪製在透明板上，以「$y = x$」直線為軸，然後將其完全翻轉的過程。原本應該是指數函數的圖形，就變成了對數函數的圖形。

1 ·
從正面看是指數函數

在指數函數 $y = a^x$ 的圖形中，當底數 a 大於 1 時，隨著 x 的增加，y 會不斷變大。

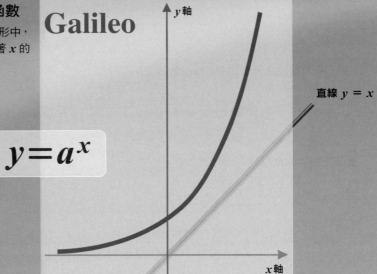

Galileo

$y \ 軸$

$$y = a^x$$

直線 $y = x$

$x \ 軸$

3 ·
旋轉 180 度變成對數函數

將圖形旋轉 180 度，把原本的 y 軸視為 x 軸，原本的 x 軸視為 y 軸，可以看到原本是指數函數的圖形變成了對數函數 $y = \log_a x$。由此可見，指數函數和對數函數是完全相反的關係。

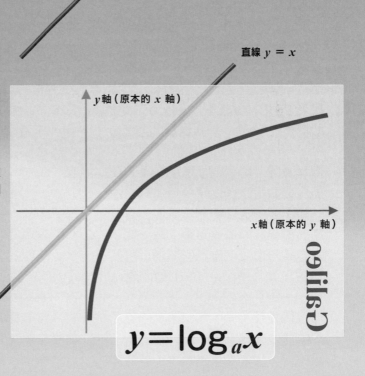

直線 $y = x$

$y \ 軸（原本的 \ x \ 軸）$

$x \ 軸（原本的 \ y \ 軸）$

Galileo

$$y = \log_a x$$

「函數」到底是什麼呢？

就像一個盒子，只要把一個數放進去，就會進行某種計算並輸出計算的結果

前面提到了指數函數和對數函數這些詞彙。「函數」到底是什麼呢？

讓我們以買東西時計算總金額作為例子。假設一盒雞蛋賣100元，當我們買了 x 盒雞蛋，則總金額 y 元可以用公式 $y = 100x$ 來表示。

這裡的 x 和 y 是可以變化的數值，一般稱它們為「變數」。如果我們買一盒雞蛋，則 $x = 1$，此時 $y = 100$ 元；買兩盒雞蛋時 $x = 2$，則 $y = 200$ 元，以此類推。可以發現，總金額 y 其實在確定雞蛋盒數後就確定了。

如上述這種存在兩個變數，且當一個變數的值確定時，另一個變數的值也隨之確定的關係，我們稱之為「函數」。 在上面的例子中，由於 $y = 100x$，當變數 x 的值確定時，另一個變數 y 的值也確定了，所以可以說「y 是 x 的函數」。這裡的 x 稱為「自變數」（independent variable），y 稱為「應變數」（dependent variable）。另外，還有類似 $y = 100x + 50z$（x 和 z 是自變數）這種含有兩個以上自變數的情況。

你可以將函數想像為一個神奇的盒子，當你把一個數字放進去，盒子就會幫你進行某種運算，並輸出計算結果（如右頁圖示）。

函數的英文為「function」。function原本的意思是「功能」或「作用」。這個詞語的使用源自於微積分創始人之一的萊布尼茲（Gottfried Wilhelm Leibniz，1646～1716）。一般會以英文字母 f 表示函數，並把 x 依據函數 f 的對應規則所得到的值寫作 $f(x)$。

中文的「函數」一詞由清朝數學家李善蘭（1810～1882）譯出。其《代數學》書中解釋：「凡此變數中函（包含）彼變數者，則此為彼之函數。」

輸入 x，經過某種處理後輸出 y 的裝置（函數）

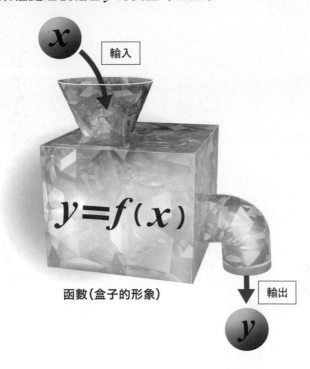

函數（盒子的形象）

當輸入具體數值 x 時

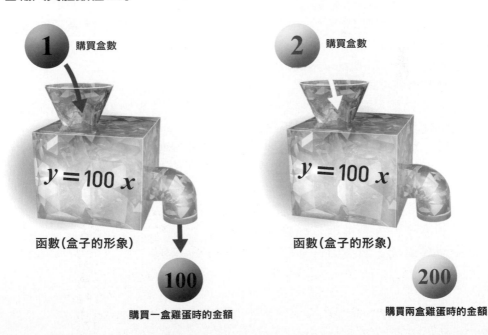

「費米估算」：透過推理來估計大致答案

如果有人問你，「我們所在的銀河系中一共有多少顆恆星」，你會如何找出答案呢？你可能會認為這是一個無法回答的問題。相信很多人會直接上Google搜尋吧。

就像我們在第14～15頁所舉的例子那樣，**即使是像這種乍看之下似乎沒有線索的問題，其實也可以透過利用已知的數值，以及提出一些簡單的假設來推估出大致的答案**。美國物理學家費米（Enrico Fermi，1901～1954），就以擅長這種推算數字的技巧聞名。

據說費米經常在課堂上向學生提出一些看似無法回答的問題，如同開頭提到的星星數量的問題。一個相當有名的故事是，他曾問學生：「在芝加哥一共有多少位鋼琴調音師？」[編註]因為這樣，透過推理估算來回答這類無法立即得出答案的問題的方法，被稱為「費米估算」。

以前，Google為了評估面試者的思考能力，曾經在面試中採用了費米估算的問題，在當時得到各家媒體的報導，引起熱議。

不過費米估算僅能幫助我們估計一個數字的數量級或是大略的大小，並不是求得準確答案的方法。然而，**透過練習推理估算數字的方法，可以幫助我們更有效地了解事物的規模和概況**。

編註：費米根據當時已知芝加哥人口約有90萬人，平均每個家庭有2個人，平均每20個家庭中有1個家庭需要每年鋼琴調音一次。每位調琴師調一部鋼琴約需2小時，每位調琴師每天工作8小時，一周5天，一年50周。總結以上數字，推估芝加哥有225位調琴師。而根據官方實際數據，芝加哥約有290名調琴師。

Coffee Break

東京都內有**多少根**電線杆呢？

讓我們挑戰用費米估算來推理一下，東京都內有多少根電線杆。首先要考慮的是每平方公里大約會有多少根電線杆，接著需要推測東京都的面積有多大。

假設每20公尺有1根電線杆，每1公里就有大約50根。考慮到電線杆只會設置在道路

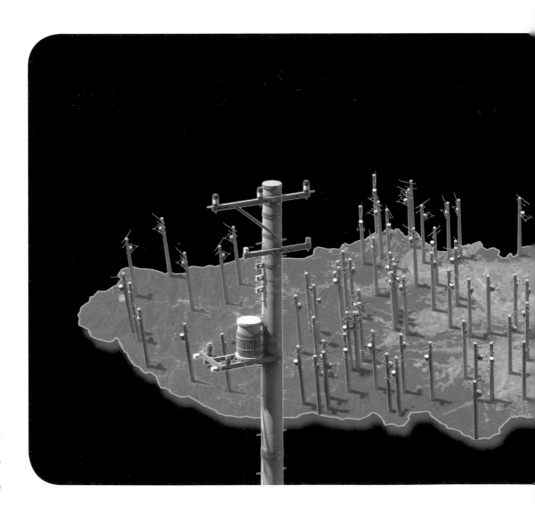

兩側，一條1公里長的道路兩側共有100根電線杆，我們可以假設每平方公里平均有5條道路，共500根電線杆。另外我們假設東京都的形狀是一個南北長20公里、東西長100公里的長方形，那麼它的面積大約是2000平方公里。因此，我們可以推估計算東京都的電線杆數量為

2000×500＝1,000,000根，大約是100萬根。

根據東京都官方的資料，截至2016年底，東京都的電線杆數量約為68萬6000根。**由此可見，我們的估計值與實際數值的落差還不到2倍，可以說是相對不錯的估算結果。**

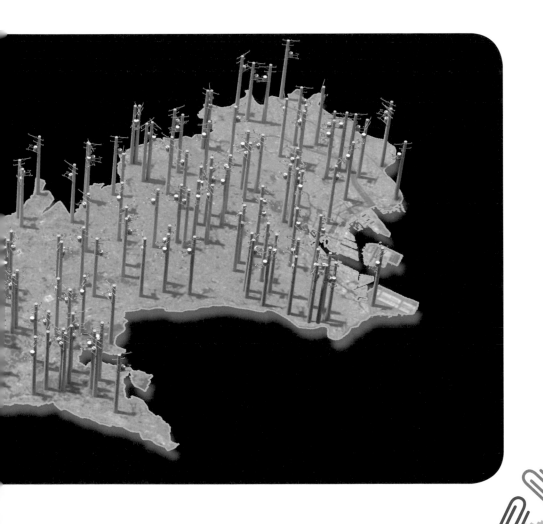

2

生活中其實
充滿著對數與指數

一聽到對數或指數，或許很多人會有一種複雜難懂的印象。實際上，在我們的日常生活中，其實很容易看到對數和指數的身影。另外，當數值的變化大到難以比較時，使用對數就能夠非常容易的進行比對。

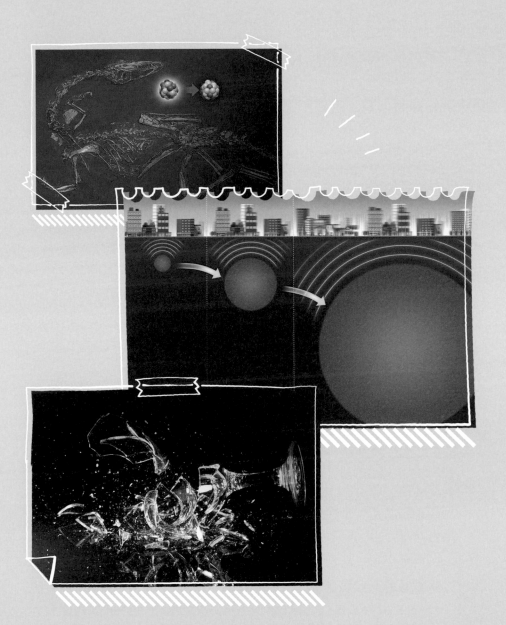

鋼琴中也藏著
指數函數的圖形

平臺鋼琴的獨特形狀，來自於指數函數

鋼琴的聲音是由內部繃緊的琴弦振動所產生的。低音對應到較長的琴弦，高音對應到較短的琴弦。鋼琴中最高音的C弦，長度約為5公分，而每降低一個八度（octave），琴弦的長度就會變成前一個八度的兩倍。編註

如果最高音的C弦長度是5公分，那麼比它低一個八度的C弦長度就是10公分。再往下一個八度的C弦長度就是20公分，然後是40公分、80公分，依此類推，每次都會變成上一個的兩倍。

這種對應關係正是指數函數。平臺鋼琴（grand piano）的形狀中，隱藏著指數函數的形狀。

實際的鋼琴共有7個八度。根據上述計算，當降低7個八度時，琴弦的長度會增加到原本的 $2^7 = 128$ 倍，如此最長的琴弦將超過6公尺。實際上，鋼琴通常會調整低音部分的琴弦重量和張力，以避免琴弦變得太長。

編註：在鋼琴上，每一組的白鍵都按照C、D、E、F、G、A、B依次排列。在五線譜中，每個「線」、每個「間」都代表一個音級（degree），當兩個音在同一個「線」或「間」時，稱為一度。若兩個音是在相鄰的「間」與「線」上，就稱為二度。八度由2個不同音域（range）所組成，之間音高（pitch）的距離為12個半音，較高音的頻率為較低音的兩倍，由於波長與頻率成反比，因此較低音的波長(弦長) 是較高音的兩倍。

將鋼琴的形狀與指數函數的圖形進行比較

右圖是將鋼琴的音階（scale）和琴弦長度之間的關係簡化的圖示。假設最低音的C弦（最長的琴弦）長度為320公分，並且我們知道每升一個八度，琴弦的長度就會減半。當我們從最低音的C升了 x 個八度時，琴弦的長度（公分）為 y，則這個關係可以用「$y = 320 \times (\frac{1}{2})^x$」這個函數來表示。

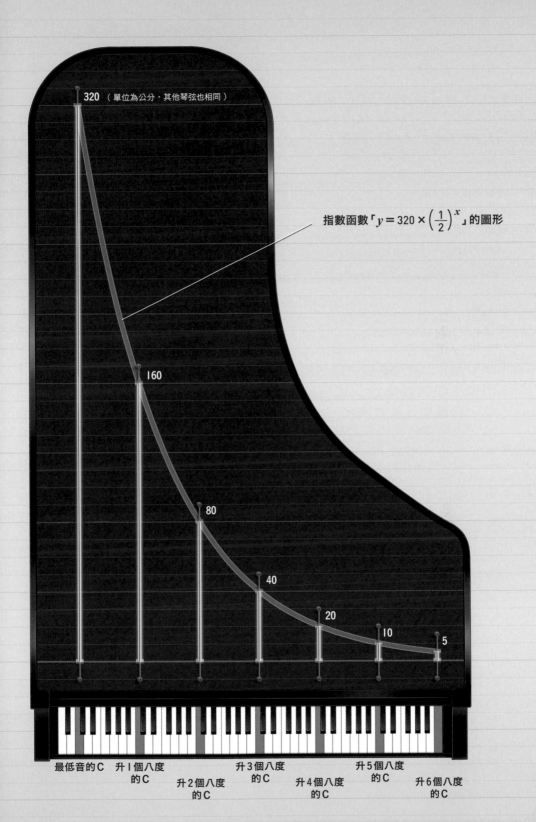

320 （單位為公分，其他琴弦也相同）

指數函數「$y = 320 \times \left(\dfrac{1}{2}\right)^x$」的圖形

160

80

40

20

10

5

最低音的C　　升1個八度
　　　　　　　的C

升2個八度
的C

升3個八度
的C

升4個八度
的C

升5個八度
的C

升6個八度
的C

41

感染病例的數量以指數方式成長

使用指數函數的圖形，可以很好地追蹤病例數的急速成長

右 圖顯示了新型冠狀病毒新增感染人數的預測圖形。當我們在觀察這類圖表時，經常會用到「指數型增長」這個名詞。**所謂的指數型增長是指每經過一個特定時間段，數量會以常數倍數（ a 倍）遞增**。以數學公式表示的話，可以寫作 $y＝ax$（a 為非 1 的正數）。

另一個經常使用的名詞是「基本再生數」（basic reproduction number）編註。基本再生數表示「一個感染者平均可以再傳染給多少人」。當基本再生數超過 1 時，感染將繼續擴散；當基本再生數低於 1 時，感染將慢慢趨緩。

以具體的例子來說明的話，假設最初的病毒數量為 1，每天以 2 倍的速度增殖，那麼 40 天後，病毒數量將達到 1 兆 995 億 1162 萬 7776。**在指數函數的圖表中，我們可以非常清楚地看到這種變化的規模。**

編註：在流行病學上，基本再生數是指在沒有任何防疫作為介入，同時所有人都沒有免疫力的情況下，一個感染到某種傳染病的初發個案，會把疾病傳染給其他多少個人的平均數，通常被寫成 R_0。

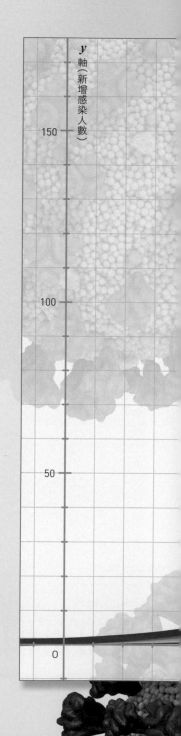

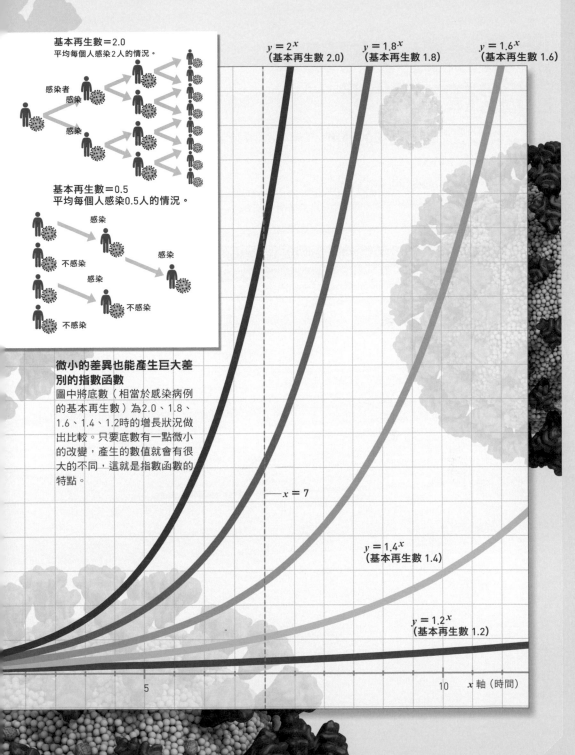

基本再生數＝2.0
平均每個人感染2人的情況。

感染者
感染
感染

基本再生數＝0.5
平均每個人感染0.5人的情況。

感染
不感染
感染
不感染
不感染

微小的差異也能產生巨大差別的指數函數

圖中將底數（相當於感染病例的基本再生數）為2.0、1.8、1.6、1.4、1.2時的增長狀況做出比較。只要底數有一點微小的改變，產生的數值就會有很大的不同，這就是指數函數的特點。

$y = 2^x$
（基本再生數 2.0）

$y = 1.8^x$
（基本再生數 1.8）

$y = 1.6^x$
（基本再生數 1.6）

$x = 7$

$y = 1.4^x$
（基本再生數 1.4）

$y = 1.2^x$
（基本再生數 1.2）

5

10　x 軸（時間）

將紙張對半剪開後疊放在一起吧

只要重複42次，堆疊起來的厚度
將會碰到月球

重複相乘，數字的增長將超乎想像！
在下圖中描繪了將紙張對半剪開後疊放42次時，紙張的厚度超過了到月球的距離的情景。
實際這麼做的話，紙張的面積將會變得非常小，但在這裡我們進行了一定程度的誇大。

將紙張對半剪開後疊放，再將疊放的紙張對半
剪開後疊放。疊放的紙張厚度將會不斷地倍
增，2倍、4倍、8倍、16倍……依此類推。

一張A4紙的厚度大約是0.1毫米。將這張紙對半剪開後疊放在一起，厚度就變成了原來的兩倍，也就是0.2毫米。

現在，將這兩張疊放在一起的紙再對半剪開後疊放，讓它的厚度變成兩倍，然後再對半剪開後疊放……，不斷重複這個過程。如此一來，紙的厚度就會從0.1毫米變為0.2毫米→0.4毫米→0.8毫米……，不斷倍增下去，到第10次時，總厚度已經達到約100毫米（10公分）。

第23次時，厚度已經達到約840公尺，第30次時已經達到約100公里高，甚至進入了太空。第42次時，厚度已經達到44萬公里，超過了地球到月球的距離（約38萬公里）。

我們會發現，隨著重複的次數增加，結果將急遽的巨大化。

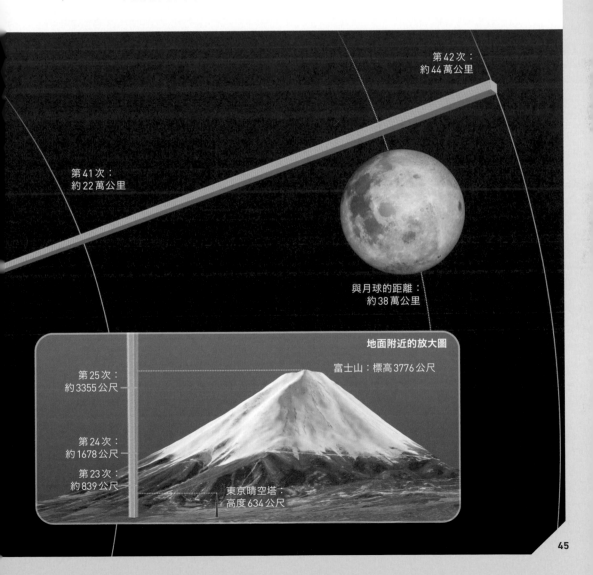

第42次：
約44萬公里

第41次：
約22萬公里

與月球的距離：
約38萬公里

地面附近的放大圖

第25次：
約3355公尺

富士山：標高3776公尺

第24次：
約1678公尺

第23次：
約839公尺

東京晴空塔：
高度634公尺

生活中其實充滿著對數與指數

將紙張繼續對半裁切後疊放

當重複到第88次時，累積的厚度將達到仙女座星系

紙的厚度抵達了宇宙源頭

在下圖中描繪了將紙張不斷裁切後疊放，最後它的厚度可達到宇宙源頭的情景。光年是光在一年內所行進的距離，「1光年＝9兆4600億公里」。我們以1光年、10光年、100光年……為界，在距離增加十倍時標上刻度。圖中除了各點到地球的距離以外，星體大小和位置等並非按照實際情況繪製。

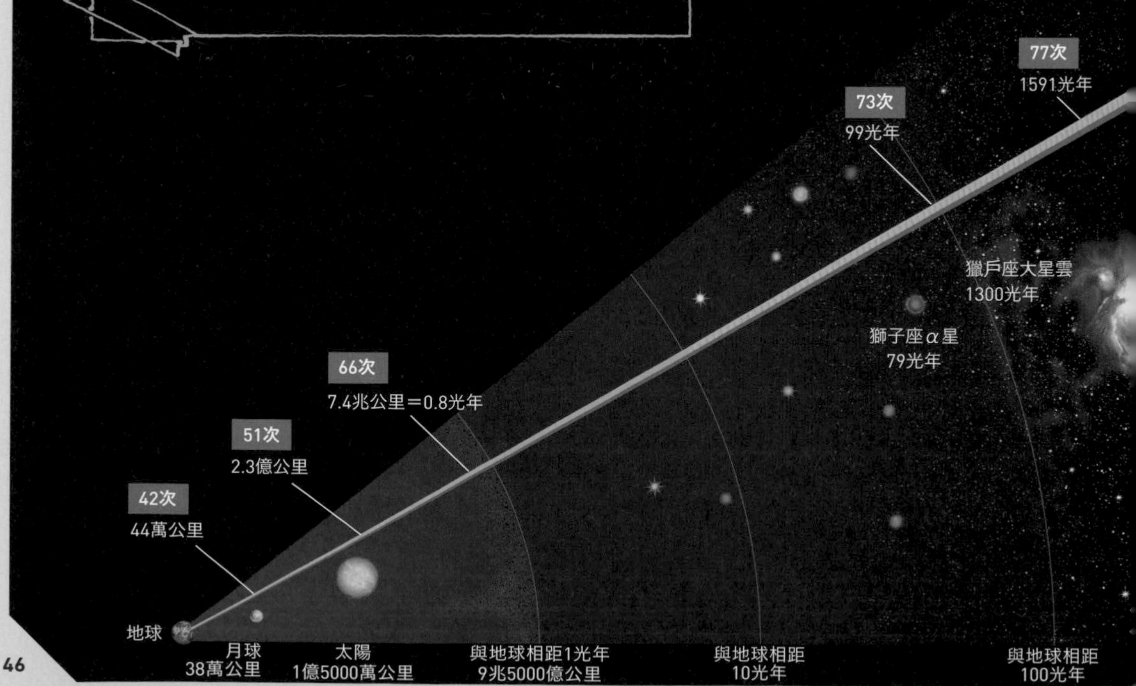

77次
1591光年
73次
99光年
獵戶座大星雲
1300光年
獅子座α星
79光年
66次
7.4兆公里＝0.8光年
51次
2.3億公里
42次
44萬公里
地球
月球
38萬公里
太陽
1億5000萬公里
與地球相距1光年
9兆5000億公里
與地球相距
10光年
與地球相距
100光年

讓我們延續上一頁的內容，繼續增加裁切後疊放的次數。

在第42次裁切後疊放，總厚度已經超越了地球與月球的距離，而第51次裁切後疊放時，總距離將超過2億公里，達到太陽。在第82次裁切後疊放，總距離將達到銀河系的中心，在第88次裁切後疊放，紙張將抵達仙女座星系。從地球到仙女座星系的距離，即使以光的速度行進也需要超過250萬年的時間。

在第100次裁切後疊放，厚度將接近134億光年。宇宙起源於距今138億年前，如果一道光從宇宙起源時便不斷向前行進至今，它所行進的距離就跟這個長度差不多。

經過這樣的說明，是不是能夠感受到指數函數的驚人力量了呢。

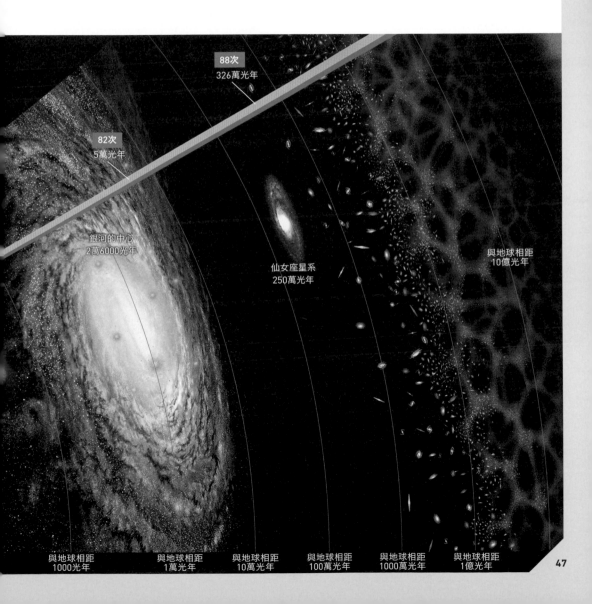

88次
326萬光年

82次
5萬光年

銀河的中心
2萬6000光年

仙女座星系
250萬光年

與地球相距
10億光年

與地球相距
1000光年

與地球相距
1萬光年

與地球相距
10萬光年

與地球相距
100萬光年

與地球相距
1000萬光年

與地球相距
1億光年

潛入海中越深，周圍會變得越來越暗

海洋中的光線變化也是指數函數

海洋中，隨著下潛的深度增加，周圍的環境也會變得越來越暗。**海洋中的明亮度變化與水深的關係，也可以用指數函數來描述。**

雖然變暗的程度會受到各種不同條件的影響，但在這裡我們姑且假設每下潛1公尺，光線的亮度會變成原本的$\frac{9}{10}$倍。假設水面的亮度為「1」，那麼在1公尺深的亮度便是$\frac{9}{10}=0.9$，在2公尺深的亮度為$\frac{9}{10}\times\frac{9}{10}=\frac{81}{100}=0.81$，在3公尺深的亮度為$\frac{9}{10}\times\frac{9}{10}\times\frac{9}{10}=\frac{729}{1000}=0.729$。換言之，當深度為$x$公尺時，亮度$y$可表示為$y=\left(\frac{9}{10}\right)^x$。

若我們將這個數學式表示成圖形，就會得到如右圖的曲線。曲線從左上往右下傾斜（x值增加），高度會急劇下降，讓曲線逐漸接近0（x軸）。這意謂著隨著深度增加，光線變化的幅度會變得越來越小。

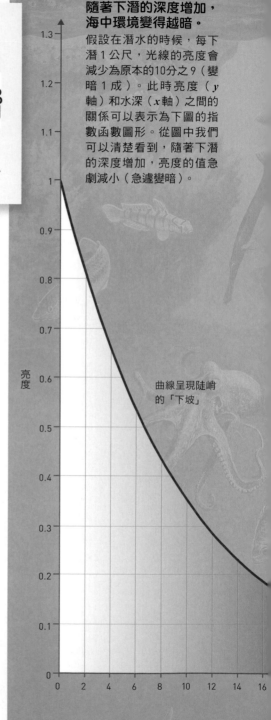

隨著下潛的深度增加，海中環境變得越暗。

假設在潛水的時候，每下潛1公尺，光線的亮度會減少為原本的10分之9（變暗1成）。此時亮度（y軸）和水深（x軸）之間的關係可以表示為下圖的指數函數圖形。從圖中我們可以清楚看到，隨著下潛的深度增加，亮度的值急劇減小（急遽變暗）。

曲線呈現陡峭的「下坡」

亮度

水深 0 公尺　　　　　　亮度1

1 公尺　　　　　　$\frac{9}{10}$

2 公尺　　　　　　$\left(\frac{9}{10}\right)^2$

3 公尺　　　　　　$\left(\frac{9}{10}\right)^3$

4 公尺　　　　　　$\left(\frac{9}{10}\right)^4$

5 公尺　　　　　　$\left(\frac{9}{10}\right)^5$

6 公尺　　　　　　$\left(\frac{9}{10}\right)^6$

在海中，隨著深度增加，能夠從水面到達該位置的光線會減少[編註]。
這種亮度的變化可以用指數函數來表現。

$$y=\left(\frac{9}{10}\right)^x$$

曲線呈現坡度和緩的
「下坡」

向右移動，
曲線逐漸接近0（x軸）

| 20 | 22 | 24 | 26 | 28 | 30 | 32 | 34 | 36 | 38 | 40 | 42 | 44 | 46 | 48 | 50 | 52 | 54 | 56 | 58 | 60 |

水深（公尺）

編註：從海面至水深100～200公尺（依水質而定）之間被稱為透光層，會受到陽光的影響。
當深度達到200公尺時，可見光基本已被吸收殆盡。

利息生利息的「複利法」

應用指數函數的複利法可以帶來巨大的財富

銀行存款的利息分為「單利法」和「複利法」兩種。**複利法是指「本金加上之前產生的利息」都會產生利息的計算方式**。由於利息也會產生利息，隨著時間的推移，本金和利息的總金額會不斷增加。**這種增長方式可以用指數函數來表示。**

假設我們將本金 $a＝100$ 萬日圓以年利率 $r＝5\%＝0.05$ 的方式存

本金100萬日圓以複利法翻倍需要多少年？

圖中以年利率5%為例，展示了本金100萬日圓在複利法下如何增加利息。使用複利法計算時，前一年的利息也會在今年產生利息。因此，本金和利息的總金額可以用指數函數表示。

a 代表本金，r 代表年利率，則 n 年後的本金和利息的總金額可用以下公式計算

$$a \times (1+r)^n$$

1 年後 本金和利息的總金額，
100 萬日圓×（1＋0.05）
＝105 萬日圓

本金　　　利息
100萬日圓＋5萬日圓

以年利率5%（＝0.05）為例，
本金100萬日圓的增加方式如下：

本金
100 萬日圓

2019

2020

入銀行，並以複利法來計算利息。根據左下方的公式，可以得知本金和利息的總金額在1年後為105萬日圓，在2年後由於5萬元的利息也會產生利息，總金額會來到110萬2500日圓。

除了使用複利法的公式外，還有一種快速計算本金變為2倍大概需要多少年的方法，即右下方的「70÷年利率（％）」編註。反過來，如果計算「70÷年數」，就可以知道若要在一定的年數中將本金翻倍的話，需要多少年利率。

編註：定期複利的未來值（期末本利和）FV＝現在值（期初本金）PV（1＋r）^{t}，其中t為期數、r為每一期的利率（％）。當該筆存款倍增FV＝2PV時（假設PV＝1），則2＝（1＋r）^{t}，$t=\frac{\log_e(2)}{\log_e(1+r)}≒\frac{70\%}{r}$，因為$\log_e≒\log_{2.7}$，$\log_{2.7}(2)≒0.693≒70\%$；因為$r<1$，$\log_{2.7}(1+r)≒r$。若$r$為高利率（6～10％），則70％調整為72％較準確。（$\log_e$的定義請參見第114～115頁）

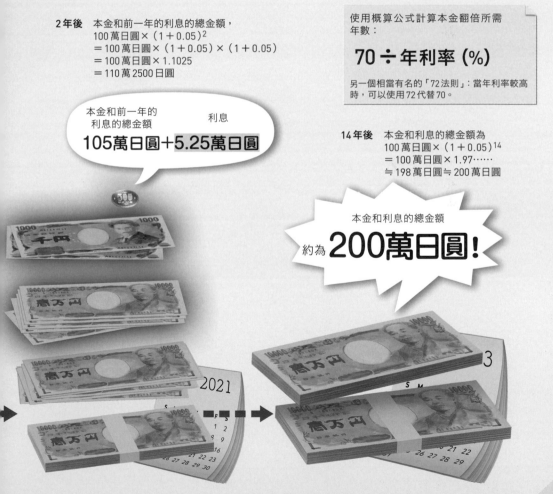

2年後　本金和前一年的利息的總金額，
100萬日圓×（1＋0.05）^{2}
＝100萬日圓×（1＋0.05）×（1＋0.05）
＝100萬日圓×1.1025
＝110萬2500日圓

本金和前一年的利息的總金額　利息

105萬日圓＋5.25萬日圓

使用概算公式計算本金翻倍所需年數：

70÷年利率（%）

另一個相當有名的「72法則」：當年利率較高時，可以使用72代替70。

14年後　本金和利息的總金額為
100萬日圓×（1＋0.05）^{14}
＝100萬日圓×1.97……
≒198萬日圓≒200萬日圓

本金和利息的總金額
約為 **200萬日圓！**

放射性物質的衰變也遵循倍增法則

化石的年代測定，也應用了這個原理

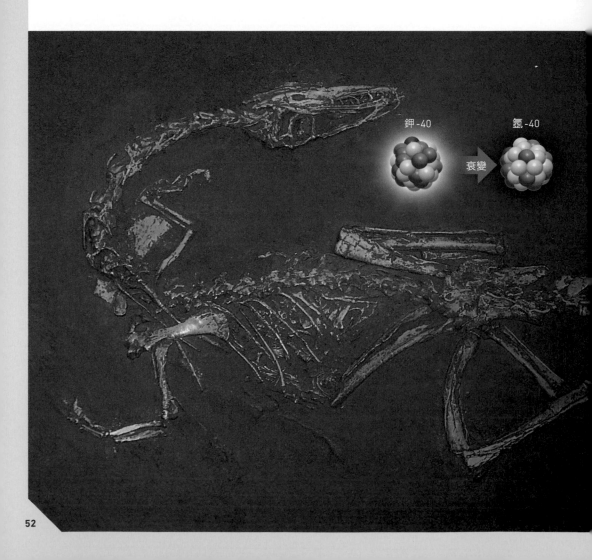

鉀-40   氬-40

衰變

構成物質的元素中存在著放射性元素，因為它們本身不穩定，所以會釋放出輻射線並進行「衰變」，轉變成其他較穩定的元素。例如，常用於放射年代測定的放射性元素「鉀-40」會隨著時間的推移逐漸衰變，轉變成「氬-40」等其他元素。

當一團放射性元素隨著時間逐漸衰變時，我們稱放射性元素的數量減少到原來的一半所需的時間為「半衰期」。半衰期的長度取決於放射性元素的種類，比如鉀-40的半衰期為12.8億年。

假設一個樣本中含有100個鉀-40，則12.8億年後，其中一半會進行衰變，剩下50個。25.6億年後剩下25個，38.4億年後剩下12.5個。換句話說，**如果將經過的年數表示為 x 億年，鉀-40的濃度比例表示為 y，則可以用指數函數的方程式 $y = 0.5^{\frac{x}{12.8}}$ 來表示兩者的關係**編註（如下圖）。

編註：衰變後剩餘的量（%）$y = \dfrac{100\%}{2^N}$，N為半衰期次數。

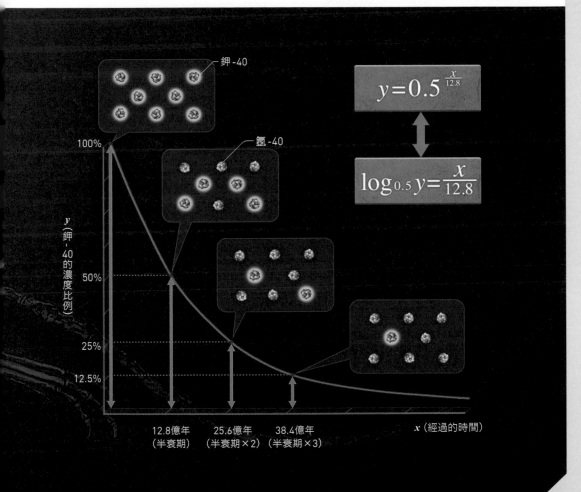

$$y = 0.5^{\frac{x}{12.8}}$$

$$\log_{0.5} y = \frac{x}{12.8}$$

鉀-40

氬-40

y（鉀-40的濃度比例）

100%

50%

25%

12.5%

12.8億年　　25.6億年　　38.4億年
（半衰期）　（半衰期×2）（半衰期×3）

x（經過的時間）

用對數來了解
吉他音格的原理

當弦的長度增加1.06倍時，音高下降一個半音

音階是1.06倍的重複相乘

在彈奏吉他時，需要用手指按住音格並同時彈奏弦，藉此發出聲音。根據按住的音格位置不同，弦實際振動部分的長度也會改變，從而改變產生的音高。

　　音格被設計成從弦的根部到指壓處的長度，以每格1.06倍的方式增長。弦振動部分的長度每增加1.06倍，產生的音高就會下降半音。

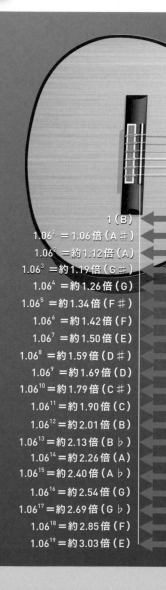

1（B）
$1.06^1 = 1.06$ 倍（A♯）
$1.06^2 =$ 約1.12倍（A）
$1.06^3 =$ 約1.19倍（G♯）
$1.06^4 =$ 約1.26倍（G）
$1.06^5 =$ 約1.34倍（F♯）
$1.06^6 =$ 約1.42倍（F）
$1.06^7 =$ 約1.50倍（E）
$1.06^8 =$ 約1.59倍（D♯）
$1.06^9 =$ 約1.69倍（D）
$1.06^{10} =$ 約1.79倍（C♯）
$1.06^{11} =$ 約1.90倍（C）
$1.06^{12} =$ 約2.01倍（B）
$1.06^{13} =$ 約2.13倍（B♭）
$1.06^{14} =$ 約2.26倍（A）
$1.06^{15} =$ 約2.40倍（A♭）
$1.06^{16} =$ 約2.54倍（G）
$1.06^{17} =$ 約2.69倍（G♭）
$1.06^{18} =$ 約2.85倍（F）
$1.06^{19} =$ 約3.03倍（E）

在樂器的音階當中，其實也隱藏著相同數值的重複相乘。比如弦樂器上負責振動的弦，其長度的分布遵循著1.06的累乘規則。

音高由弦的長度決定。當想要降低半音時，需要將弦的長度增加1.06倍（1.06^1）。如果想進一步降低半音，則需要將弦的長度增加約1.12倍（1.06^2）。而如果再進一步降低半音，則需要將弦的長度增加

約1.19倍（1.06^3）。也就是說，這些弦長都遵守1.06的累乘規則。

這一點可以用吉他來驗證。吉他上有一個被稱為「音格」（fret又名琴桁）編註的構造，根據按下的音格位置不同，可以改變弦實際振動部分的長度。

編註：吉他通常有6弦，標準古典吉他有19個音格，電吉他有21～24個音格，依八度音階劃分，每組十二個音格（半音）代表一個八度。

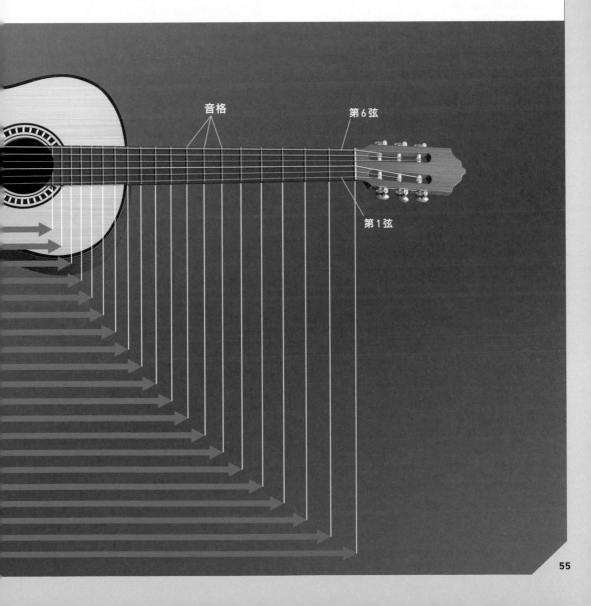

音格

第6弦

第1弦

地震的大小 是用地震規模 來比較的

規模每增加1,釋放的總能量 就增加約32倍

地震的強度可以用一個稱為「地震規模」(moment magnitude scale)的單位來表示。**這個地震規模,其實也是用對數來定義的。**

當規模的值增加1時,地震所釋放的能量大約增加32倍編註。當規模增加2時,能量的大小就是原本的32×32=1024倍,差不多是1000倍。換句話說,規模5的

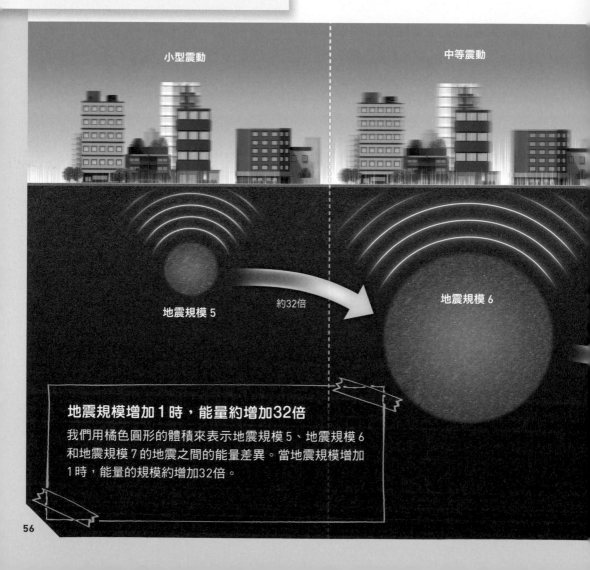

小型震動　　　　　　　中等震動

地震規模 5 　　　約32倍　　　　地震規模 6

地震規模增加1時,能量約增加32倍

我們用橘色圓形的體積來表示地震規模5、地震規模6和地震規模7的地震之間的能量差異。當地震規模增加1時,能量的規模約增加32倍。

地震和規模 7 的地震之間，釋放的能量大小相差足足有 1000 倍。

在日本，每個月都有超過 1 萬次規模 3 以下的地震，但這種規模的地震大部分的人都感覺不到。另一方面，2011 年 3 月 11 日的日本東北地方太平洋近海地震的規模為 9.0。前者與後者之間，以能量來說大約相差了 10 億倍（32^6 倍）。

只要使用地震規模，便可以將

微小的地震到巨大地震，放在同一個尺度，簡潔地進行比較。

編註：地震規模是記錄地震強度的標度。1977 年由美國加州理工學院地震學家金森博雄教授制定。計算公式為：$MW = \frac{2}{3}\log_{10} M_0 - 10.73$，其中 M_0 ＝斷層的剪切模量 μ ×斷層的破裂面積 A ×斷層的平均位移 D。由公式可以求出每增加一個地震規模需要 $10^{1.5}$ 倍（≒32 倍）的能量。

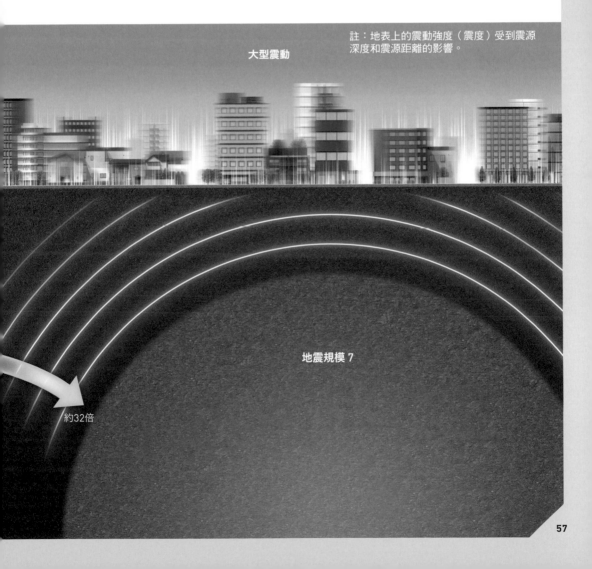

註：地表上的震動強度（震度）受到震源深度和震源距離的影響。

大型震動

地震規模 7

約32倍

星星的等級也是由對數決定

每上升一個星等，亮度約增加2.5倍

在 討論夜空中閃亮的星星（恆星）時，你可能聽過別人提到「1等星」或「2等星」這樣的名詞（1等星比2等星更亮）。**這裡提到的1和2，實際上是基於「對數」來計算的。**

5等星所釋放出的光線量，約為6等星的2.5倍。4等星放出的光線量約為6等星的6.3倍（2.5^2倍）。而1等星放出的光線量約為6等星的100倍（2.5^5倍）。換句話說，星星的等級是根據釋放光線量相差2.5的幾次方來決定的。

這裡提到的「釋放光線量相差2.5的幾次方」其實就是對數的概念。 對數是指當一個固定的數字（這裡指2.5）被重複相乘多次後得到另一個數字（這裡指光線量差距），此時重複進行乘法的次數（變成幾次方）就是對數。

最早將星星的亮度分為6個等級[編註]來表達的，是古希臘的天文學家依巴谷（Hipparchus，公元前190年～公元前120年左右）。依巴谷觀察了夜空中的星星，將最亮的恆星（自行發光的星星）定為「1等級」，並將肉眼勉強能看見的星星定為「6等級」。然後，他將這兩者之間的星星分類為2～5等級。到了19世紀，隨著觀測技術的發展，人們得以準確地測量星星發出的光線量。**星等每上升一個單位，星星的亮度就增加2.5倍，這個定義是由英國的天文學家普森（Norman Robert Pogson，1829~1891）提出的。**

編註：星等（magnitude）是指星體在天空中的相對亮度，分為星體本身光度的「絕對星等」（absolute magnitude）與從地球所見亮度的「視星等」（apparent magnitude）。視星等取決於星體與地球的距離、星際塵埃遮蔽等多重因素。一般人的肉眼能夠分辨的極限大約是6.5等。

光線量 約100（2.5^5）

星星的亮度與對數

1等星

2等星　　　　　　　　　　　　　　　光線量
　　　　　　　　　　　　　　　　　　約39（2.5^4）

3等星　　　光線量 約15.6（2.5^3）

4等星　光線量 約6.3（2.5^2）

5等星　光線量 約2.5

6等星　以這個光線量為1

星星的亮度若以6等星為基準，每升一個星等，光線量會增加約2.5倍。柱狀圖的橫軸表示以6等星為基準，各星星發出的光線量。此外，每顆星星圖形的直徑，也按照光線量的比例繪製。

獅子座附近星星的亮度

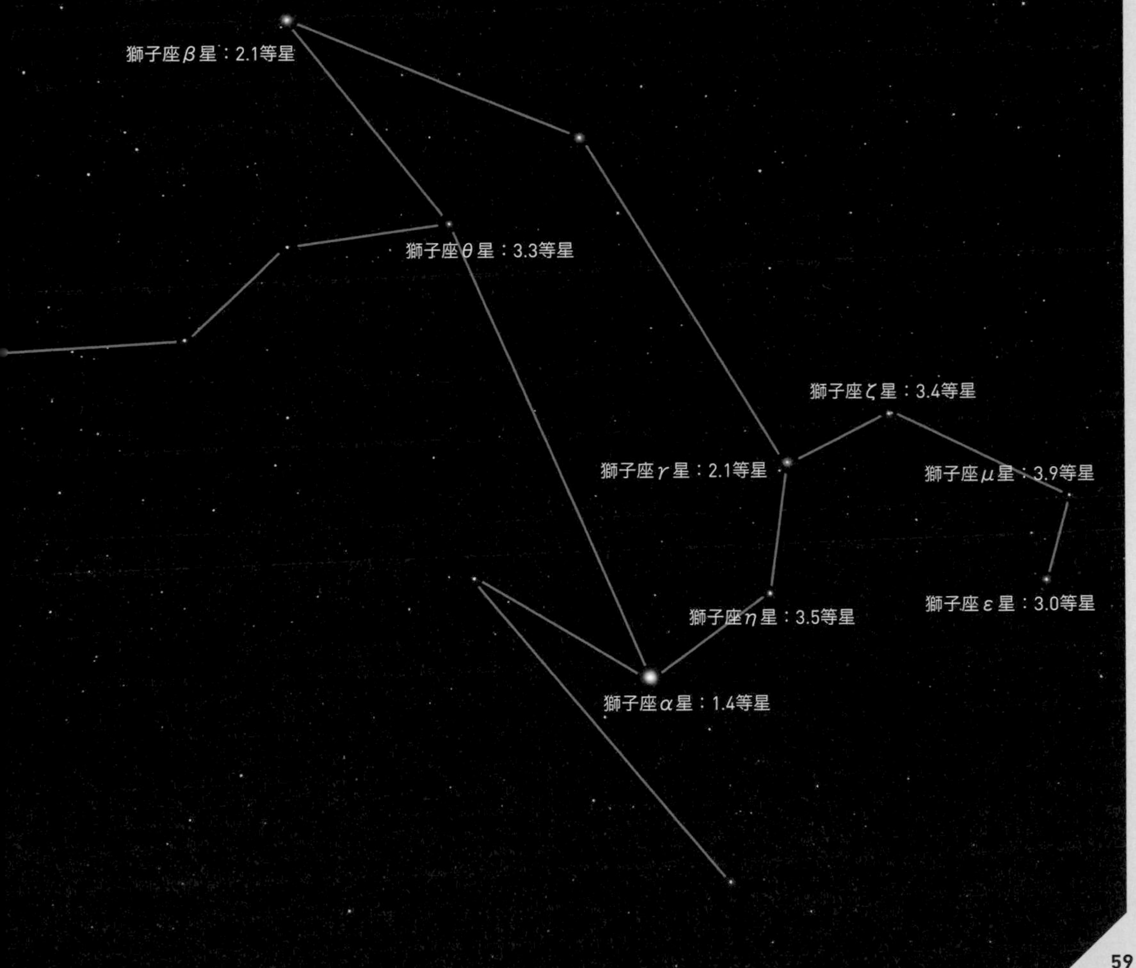

獅子座β星：2.1等星

獅子座θ星：3.3等星

獅子座ζ星：3.4等星

獅子座γ星：2.1等星

獅子座μ星：3.9等星

獅子座η星：3.5等星

獅子座ε星：3.0等星

獅子座α星：1.4等星

測量噪音的單位使用了對數

「分貝」是表示聲壓變化的指標

分貝的定義

$$20 \times \log_{10} \left(\frac{p}{p_0} \right)$$

p：聲壓 (Pa)
p_0：人類能聽到的最小聲壓

編註：普通的對話音量：$20 \times \log_{10} \left(\frac{10^{-2}Pa}{10^{-5}Pa} \right)$
$= 20 \times \log_{10} 10^3 = 20 \times 3 = 60dB$

各種音量的大小

圖中顯示了生活中各種聲音的音量（聲壓和分貝值）作為參考指標。分貝是使用對數來定義的，這其實也說明了人類的感官是以對數法則運作的事實。

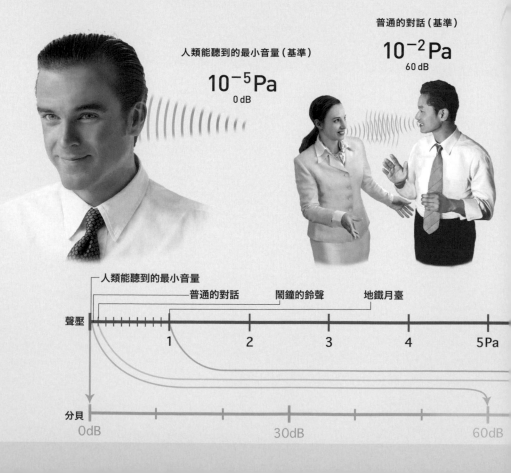

普通的對話（基準）

$10^{-2}\,Pa$
60 dB

人類能聽到的最小音量（基準）

$10^{-5}\,Pa$
0 dB

用來表示音量大小的單位是「分貝（dB）」。其實，分貝的定義上也應用到了對數。聲音的本質是空氣的振動，振動的強度越大，對人的耳朵來說聽起來就越大聲。已知人類能聽到的最小聲音，對應到的空氣振動強度大約為10^{-5}Pa（帕斯卡，壓力的單位）。

這個數值在較小和較大的聲音之間會有極大的變化。例如，普通對話聲音的聲壓約為10^{-2}帕斯卡，比人類能聽到的最小聲音大上1000倍。而噴射機產生的噪音約為10帕斯卡，比最小聲音大上100萬倍。

因此，**直接使用聲壓數值作為音量指標相當不方便**。此外，人的耳朵對於較小的聲音和較大的聲音，在感知上並不會感覺到差距達到100萬倍。**有鑑於此，用對數來表示音量大小的分貝就派上用場了**。

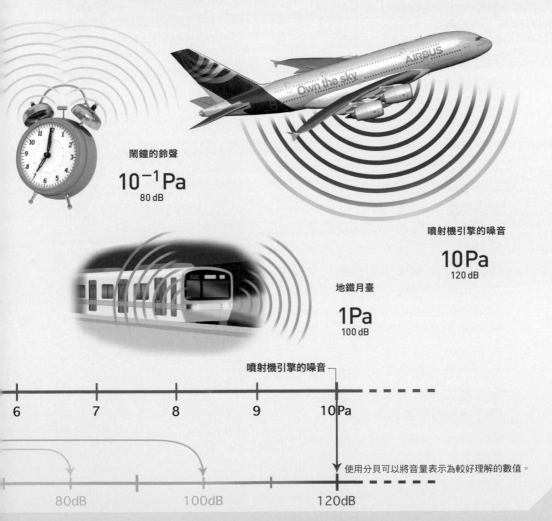

鬧鐘的鈴聲

10^{-1}Pa
80 dB

噴射機引擎的噪音

10 Pa
120 dB

地鐵月臺

1 Pa
100 dB

噴射機引擎的噪音

| 6 | 7 | 8 | 9 | 10 Pa |

使用分貝可以將音量表示為較好理解的數值。

| 80dB | 100dB | 120dB |

酸性和鹼性的指標也是以對數表示

相差14位數的變化，用對數就能清楚地顯示

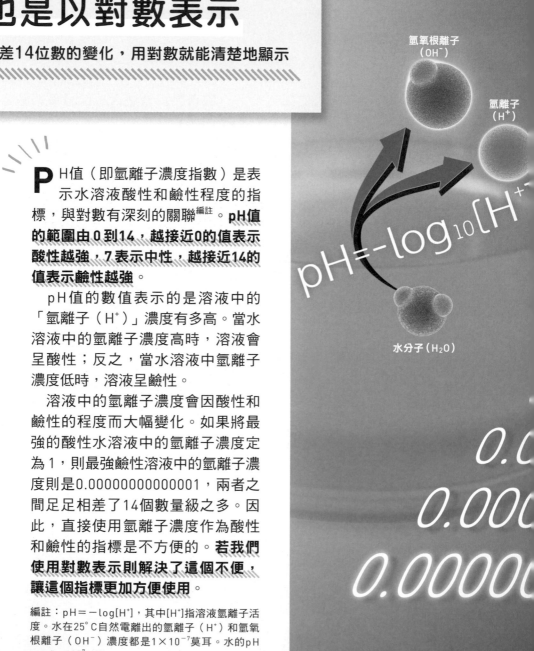

氫氧根離子（OH⁻）

氫離子（H⁺）

$pH=-\log_{10}[H^+]$

水分子（H_2O）

P H值（即氫離子濃度指數）是表示水溶液酸性和鹼性程度的指標，與對數有深刻的關聯編註。**pH值的範圍由0到14，越接近0的值表示酸性越強，7表示中性，越接近14的值表示鹼性越強。**

pH值的數值表示的是溶液中的「氫離子（H⁺）」濃度有多高。當水溶液中的氫離子濃度高時，溶液會呈酸性；反之，當水溶液中氫離子濃度低時，溶液呈鹼性。

溶液中的氫離子濃度會因酸性和鹼性的程度而大幅變化。如果將最強的酸性水溶液中的氫離子濃度定為1，則最強鹼性溶液中的氫離子濃度則是0.00000000000001，兩者之間足足相差了14個數量級之多。因此，直接使用氫離子濃度作為酸性和鹼性的指標是不方便的。**若我們使用對數表示則解決了這個不便，讓這個指標更加方便使用。**

編註：pH＝－log[H⁺]，其中[H⁺]指溶液氫離子活度。水在25℃自然電離出的氫離子（H⁺）和氫氧根離子（OH⁻）濃度都是1×10^{-7}莫耳。水的pH＝－$\log10^{-7}$＝7

0.0
0.000
0.00000

下面列舉了氫離子濃度的值以及對應
的pH值。pH值每相差1，意謂著氫離
子濃度相差10倍。

$$[H^+] \quad\quad pH$$

酸性

$$1 = 10^0 \quad\quad 0$$
$$0.1 = 10^{-1} \quad\quad 1$$
$$0.01 = 10^{-2} \quad\quad 2$$
$$0.001 = 10^{-3} \quad\quad 3$$

檸檬

$$0.0001 = 10^{-4} \quad\quad 4$$
$$0.00001 = 10^{-5} \quad\quad 5$$

咖啡

$$0.000001 = 10^{-6} \quad\quad 6$$

中性

$$0.0000001 = 10^{-7} \quad\quad 7$$

牛奶

$$0.00000001 = 10^{-8} \quad\quad 8$$
$$0.000000001 = 10^{-9} \quad\quad 9$$

小蘇打

$$0.0000000001 = 10^{-10} \quad\quad 10$$

肥皂

$$0.00000000001 = 10^{-11} \quad\quad 11$$
$$0.000000000001 = 10^{-12} \quad\quad 12$$
$$0.0000000000001 = 10^{-13} \quad\quad 13$$

鹼性

$$0.00000000000001 = 10^{-14} \quad\quad 14$$

使用對數圖形，讓長期變化一目瞭然

對數圖形能展示出不易發現的細節

我們將過去120年間的道瓊工業平均指數（美國的代表性股市指數）的變化，以兩種不同的圖表（右圖1和圖2）來呈現。

在圖1我們能清楚看到近30年的股價變化，但1990年之前的變化卻相對看不清楚。這是因為過去的股價相對於現在的數值非常的小，因此變化被掩蓋了。相對的，圖2使用了「半對數圖」（semi-log graph）編註，也就是在縱軸上使用了「對數刻度」（logarithmic scale又稱為對數尺度，每個刻度增加10倍）。在這張圖中，可以清楚看到過去的股價變化。

圖1的刻度以0、1、2……的方式等間隔增加，而圖2的刻度以1、10、100……的方式以固定倍率增加。

在對數圖中，從1到10的變化和從100到1000的變化以相同的寬度表示，因此無論數值的絕對大小如何，其相對的變化都能更容易看出來。

編註：半對數圖是科學及工程學中常用的圖表，其中一軸是對數尺度，另一軸是線性尺度，常用在表示指數增長的關係上。當 y 軸是對數尺度，x 軸是線性尺度時，$y = \log_{10}(x)$。

道瓊工業平均指數（美元）

20000
15000
10000
5000
0
1900　　　1910

道瓊工業平均指數（美元）

10000
1000
100
10
1900　　　1910

64

使用對數圖表可以清楚看到變化

下面是將過去120年的道瓊工業平均指數的變化，以普通圖表和半對數圖表進行比較的結果。較早期的道瓊斯工業平均指數的變化，在普通圖表中無法清楚看到，但在半對數圖表中就可以明顯的觀測到。例如，自1929年開始的世界大蕭條（Great Depression）時期造成的股價暴跌，在圖2中就能清楚看出。

1. 使用普通圖表繪製的道瓊工業平均指數變化

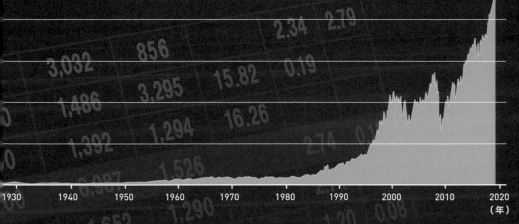

2. 使用半對數圖表繪製的道瓊工業平均指數變化

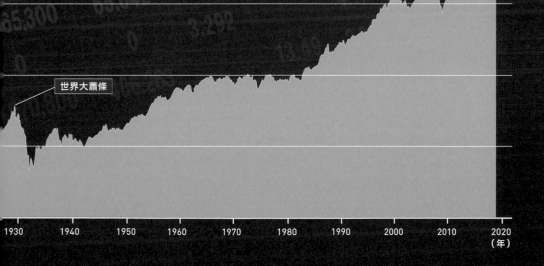

世界大蕭條

刻度不均勻卻非常實用的「對數刻度」

與原點的距離，是以10為底數的對數

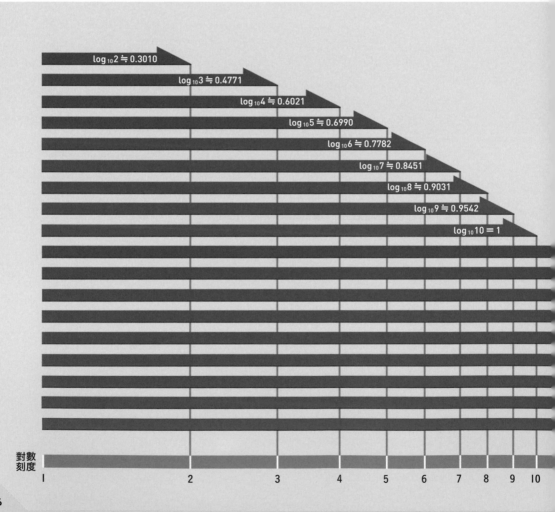

$\log_{10} 2 \doteqdot 0.3010$

$\log_{10} 3 \doteqdot 0.4771$

$\log_{10} 4 \doteqdot 0.6021$

$\log_{10} 5 \doteqdot 0.6990$

$\log_{10} 6 \doteqdot 0.7782$

$\log_{10} 7 \doteqdot 0.8451$

$\log_{10} 8 \doteqdot 0.9031$

$\log_{10} 9 \doteqdot 0.9542$

$\log_{10} 10 = 1$

對數
刻度

1 2 3 4 5 6 7 8 9 10

在對數圖形中，每個刻度之間的值都是以倍數增加。如果不習慣的話可能會覺得不太方便，所以我們在這裡將普通刻度和對數刻度進行比較來解釋。**普通刻度是每隔固定距離增加一個數字，例如每次增加10，而對數刻度則是每隔固定距離增加10倍。**就像刻度上的數字依次讀作「一、十、百、千、萬……」一樣。

在 x 軸或 y 軸上使用對數刻度的圖表稱為半對數圖，兩個軸都使用對數刻度的圖表稱為雙對數圖（double log graph）。

對數圖表在比較和確認各種變化很大的數據時非常方便。在普通圖表中，由於位數較大的數據影響，位數較小的數據變得太小而難以辨認。在這種情況下使用對數圖，會更加清晰易懂。

「小數次方」也通用

插圖中出現了許多小數的對數值，例如「$\log_{10}2 \fallingdotseq 0.3010$」。$\log_{10}2 \fallingdotseq 0.3010$ 表示10的0.3010次方約等於2。乍看之下可能會感到奇怪，但只需將這個「小數次方」部分轉換為分數來考慮即可。例如 $2^{0.5} = 2^{\frac{1}{2}}$。將 $2^{\frac{1}{2}}$ 取平方，則 $(2^{\frac{1}{2}})^2 = 2^{(\frac{1}{2} \times 2)} = 2^1 = 2$，所以 $2^{\frac{1}{2}} = \sqrt{2}$。換句話說，它是2的平方根。又比如 $2^{0.4}$ 的值，$2^{0.4} = 2^{\frac{2}{5}} = (\sqrt[5]{2})^2$。換句話說，它是（2的5次方根）的2次方。[編註]

編註：利用科學型電子計算機計算，可直接輸入2後，按 x^y 鈕，再輸入0.4，最後按＝，會出現1.3195，約等於1.32。

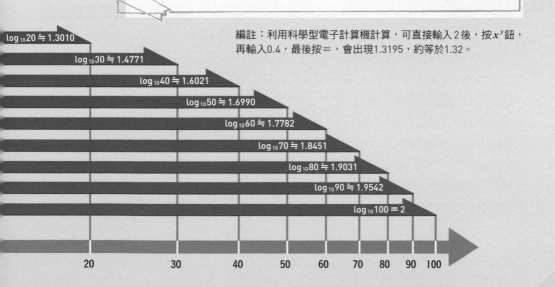

$\log_{10}20 \fallingdotseq 1.3010$

$\log_{10}30 \fallingdotseq 1.4771$

$\log_{10}40 \fallingdotseq 1.6021$

$\log_{10}50 \fallingdotseq 1.6990$

$\log_{10}60 \fallingdotseq 1.7782$

$\log_{10}70 \fallingdotseq 1.8451$

$\log_{10}80 \fallingdotseq 1.9031$

$\log_{10}90 \fallingdotseq 1.9542$

$\log_{10}100 = 2$

20　30　40　50　60　70　80　90　100

用對數圖表觀察
感染人數的變化趨勢

不僅更容易看出變化，也更方便進行
詳細的比較

使用對數刻度可以更清楚地看出感染人數變化的趨勢
這張圖表顯示了2020年1月29日至2022年3月21日期間，新型冠狀病毒新增感染人數的變化趨勢（以前後7日的平均值計算）。右圖將縱軸改為對數刻度，更清楚地顯示了各國新增感染人數的變化。

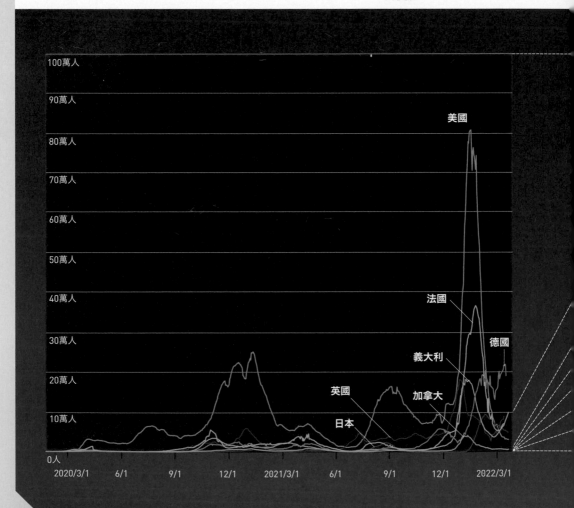

新 型冠狀病毒的疫情曾令世界各國天天關注感染人數的變化，從統計圖中，我們可以發現感染人數的變化是呈指數函數增長的。

下圖是七大工業國組織G7成員國新冠病毒新增感染人數的趨勢折線圖，每個國家用不同的顏色表示。在左圖中，好幾條線段重疊在一起，導致讀取不太方便。

左圖的縱軸是以0、10萬、20萬、30萬…這樣的等間隔刻度來表示。相對的，右圖則是將縱軸轉換為「對數刻度」來表示同一份資料的圖表。

在對數刻度中，刻度標註是以1、10、100、1000…的方式，以10倍的間隔增長，而非等間隔。**使用半對數圖表，相較於一般圖表，能夠更清楚地呈現新冠病毒感染人數的變化。**

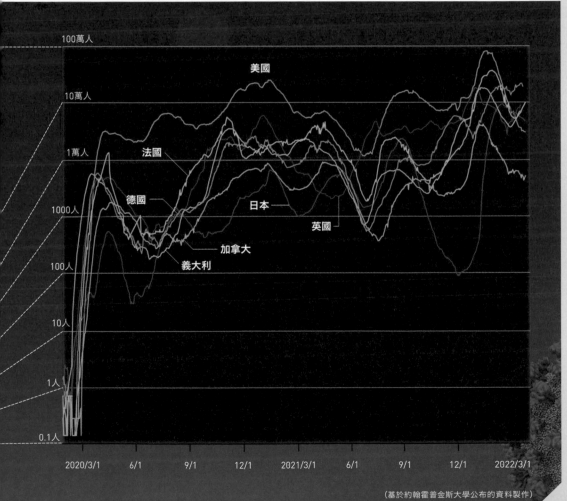

（基於約翰霍普金斯大學公布的資料製作）

從對數觀測到的
宇宙法則

太陽系的各行星其實位在同一條線上

太陽系的行星距離太陽越遠，繞行太陽一圈所需的時間就會越長。天文學家克卜勒（Johannes Kepler，1571~1630）發現「行星的公轉週期（T）的平方與行星和太陽的距離※（r）的立方成正比（克卜勒第三定律）」。編註

　如果用普通的圖表來表示上述的關係，其圖形不會是一條直線。**但是，如果將縱軸和橫軸都轉換為對數刻度，用「雙對數圖表」繪製，就會得到一條漂亮的直線。**這是因為呈指數性上升的函數關係，在雙對數圖表上總是呈直線。**只要善用對數圖表，就能清楚地看到在普通圖表上所看不到的變化與關連性。**

※：準確來說，是指行星橢圓軌道的最長半徑，即「半長軸」。

編註：克卜勒第三定律的公式：$r^3 = \frac{G(M+m)}{4\pi^2}T^2$，其中 r 是行星橢圓軌道的半長軸，G 是引力常數，M 是太陽質量，m 是行星質量，T 是軌道周期。由於行星質量 m 比太陽質量 M 小很多，可以忽略不計，因此 $\frac{G(M+m)}{4\pi^2} \fallingdotseq \frac{GM}{4\pi^2}$ 是一個常數（$\fallingdotseq 7.5$）。

我們使用雙對數圖表來表示水星到海王星的八個行星的公轉軌道的半長軸和公轉週期。圖表呈現一條直線，證明了克卜勒定律（行星的公轉週期的平方與和太陽距離的立方成正比）的成立。

公轉週期（年）

1000

100

10

1

0.1

0.1

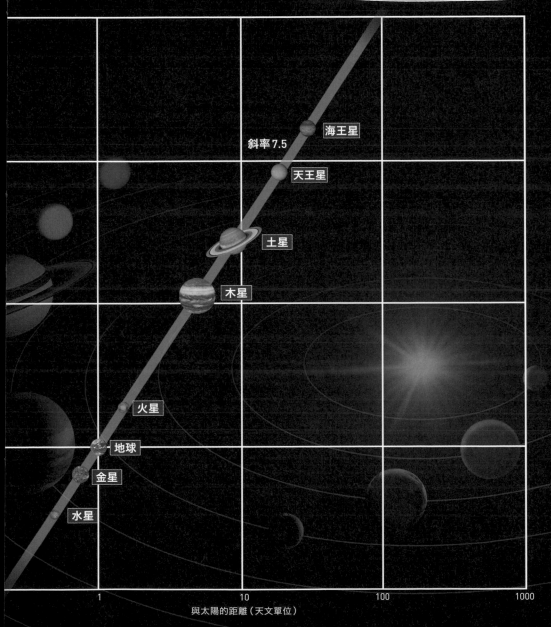

克卜勒（第三）定律

$$T^2 \fallingdotseq r^3 \Big/ 7.5$$

T：公轉週期（年）
r：距離太陽的距離（天文單位）
7.5：斜率（常數）

斜率7.5

海王星

天王星

土星

木星

火星

地球

金星

水星

1　　　　　　　10　　　　　　　100　　　　　　　1000

與太陽的距離（天文單位）

註：1天文單位（AU）約等於1億4959萬7870公里，大約等於地球到太陽的平均距離。

生活中其實充滿著對數與指數

隱藏在玻璃碎片尺寸中的對數

支配著世界的「乘冪律」究竟是什麼？

在玻璃碎片中隱藏著一個重要的法則，而這個法則其實在暗中支配著自然界中的森羅萬象。

我們可以將玻璃碎片按照大小分類，這樣一來應該會發現，大碎片的數量很少，而碎成顆粒狀的小碎片則大量存在。若我們將碎片的大小作為橫軸，碎片的數量作

乘冪律的分布在雙對數圖表上呈一直線

在右側的兩張圖表中，我們將玻璃碎片的大小作為橫軸，碎片數量作為縱軸。在常規坐標軸下，分布圖形呈曲線（上圖）。然而，當我們將相同的圖表改為雙對數坐標軸時，圖表變成了一條直線（下圖）。像玻璃碎片這樣遵從「乘冪律」的分布，在雙對數坐標軸的圖表上總是呈直線。

72

為縱軸繪製圖表，就會得到下面的分布圖。**若再將這張圖表的縱軸和橫軸都轉換為對數軸，結果圖表將變成一條直線。這個就是「乘冪律」（power law，或稱乘冪律分布）。**

乘冪律是在1890年代由經濟學家帕雷托（Vilfredo Pareto，1848～1923）在研究家庭收入分布時發現的[編註]。到了1950年代，人們發現地震的規模和發生頻率也遵從乘冪律。**現在更發現乘冪律不僅適用於股價的漲跌等經濟波動，也適用於各種社會現象。**

編註：帕雷托描述社會財富的分配符合乘冪律：大部分財富掌握在一小部分人手中，所謂「80-20法則」指出80%的結果是由20%的原因造成的。

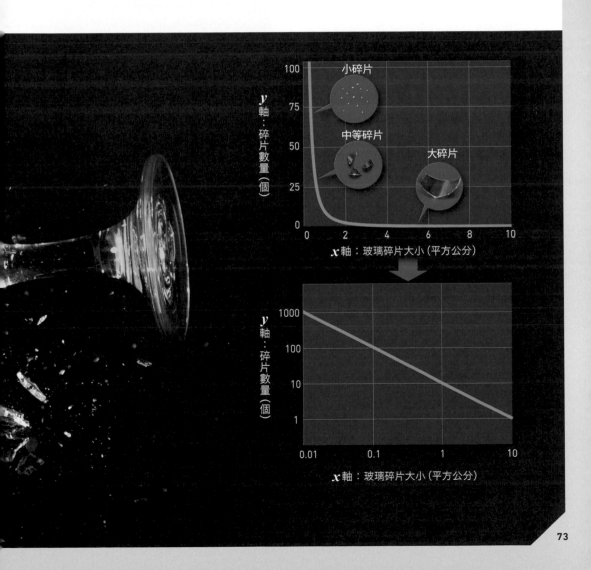

_y_ 軸：碎片數量（個）

_x_ 軸：玻璃碎片大小（平方公分）

_y_ 軸：碎片數量（個）

_x_ 軸：玻璃碎片大小（平方公分）

Coffee Break

帶上太空船的
計算尺

右邊是1966年美國太空船「雙子星12號」（Gemini XII）於繞地球軌道上飛行時，拍攝於其內部的照片。照片中央顯示了一個在無重力狀態下飄浮的細長儀器。這個儀器被稱為「計算尺」（slide rule又稱滑尺）編註。**計算尺是由刻有對數刻度的數把尺組成，可利用對數原理進行乘法、除法、平方根等各種計算**（第3章詳細介紹）。

在當時，可攜式的小型電腦尚未問世，計算機也未普及，因此計算尺成為科學家和技術人員必不可少的工具。在人類開始進入太空的時代，此一利用對數原理的計算工具便發揮了重要作用。

值得一提的是，照片中的人物是在阿波羅計劃中登陸月球的太空人艾德林（Buzz Aldrin）。據說他在1969年人類首次登陸月球的阿波羅11號任務中也攜帶了計算尺，在飛往月球的軌道上使用它進行計算。

編註：計算尺由三個有刻度的長條和一個滑動窗口（游標）組成，中間的長條能夠沿長度方向相對於其他兩條固定長條滑動，對齊相關刻度。在1970年代之前廣泛使用於對數計算，用兩個對數標度來作乘法或除法的運算，更複雜的計算尺還可進行其他計算，例如平方根、指數、對數和三角函數。

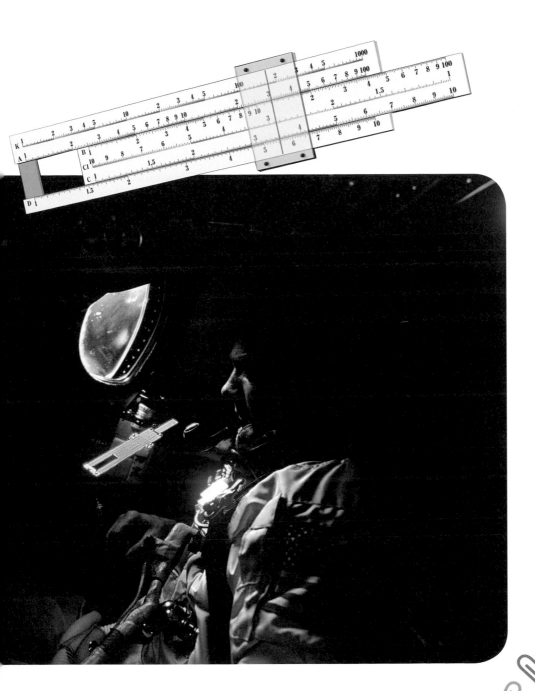

3

對數是
「魔法計算工具」

在處理非常大或非常小的數字時，理解指數和對數是非常有幫助的。在這一章裡，我們將解釋使用指數和對數時的規則。一旦記住了這些規則，相信就能夠隨心所欲地進行各種計算。

$$\log_2 1{,}000{,}000{,}000 = ? \text{日後}$$

《指數律①》
底數相同的乘方相乘，等於指數相加

$$2^2 \times 2^3 = 2^{(2+3)}$$

從本單元開始，我們將深入探討指數和對數，如何能夠幫助簡化計算過程。讓我們仔細研究一下指數和對數所具有的重要規則。

首先是指數律①。這個規則可以用右上方的公式來表示。**若將底數相同的兩個數值相乘，則計算結果是底數部分保持不變，指數部分則是原來兩數的指數相加。**

例如，我們可以試著用上述的方式計算 $2^2 \times 2^3 = 2^{(2+3)}$。但結果真的是如此嗎？讓我們驗證一下。

首先，我們知道 $2^2 = 2 \times 2 = 4$，也知道 $2^3 = 2 \times 2 \times 2 = 8$。綜上所述，可以得知 $2^2 \times 2^3 = 4 \times 8 = 32$。

另一方面，$2^{(2+3)} = 2^5 = 2 \times 2 \times 2 \times 2 \times 2 = 32$，因此，我們可以證實 $2^2 \times 2^3 = 2^{(2+3)}$。

由此可知，兩個底數相同的乘方相乘只需要將指數部分相加即可。在上面的例子中，計算了底數為2的情況，但實際上指數律①適用於任何底數。編註

編註：14世紀時歐洲數學家雷姆（Nicole Oresme，1323～1382）引用指數律中的加法律和乘法律來處理幾何和物理的問題。

$$a^p \times a^q = a^{(p+q)}$$

底數相同的兩數值相乘的結果，底數保持不變，指數則
是原來的指數相加。

指數律①的具體例子

讓我們考慮$3^4 \times 3^5$的例子。如果不使用指數來表示這個算式的話，會如下面
所示。

$$3^4 \times 3^5 =$$
$$(3 \times 3 \times 3 \times 3) \times (3 \times 3 \times 3 \times 3 \times 3)$$

將3相乘4次

將3相乘5次

從上面的算式可以看出，總共需要將3乘以4＋5＝9次。因此，

$$3^4 \times 3^5 = 3^{(4+5)} = 3^9$$

可以得知，上面的算式成立。

《指數律②》
乘方的乘方，等於指數相乘

$$(2^3)^5 = 2^{(3\times5)}$$

接 下來，讓我們來探討指數律②。這個規則可以用右上方的公式表示，**即乘方的乘方，計算結果是底數部分不變，而指數部分則是原本的指數相乘。**

舉例來說，可以用上述的方式計算 $(2^3)^5 = 2^{(3\times5)}$。但是結果真的是如此嗎？讓我們驗證一下。

首先，$(2^3)^5$ 表示將 2^3 乘以 5 次。由於 $2^3 = 2\times2\times2$，所以 $(2^3)^5 = (2\times2\times2)\times(2\times2\times2)\times(2\times2\times2)\times(2\times2\times2)\times(2\times2\times2)$ 從這個式子可以看出，整個算式等於是將 2 乘了 3×5 次，也就是 $2^{(3\times5)}$。因此可以確定 $(2^3)^5 = 2^{(3\times5)}$。附帶一提，$(2^3)^5 = 2^{(3\times5)} = 2^{15} = 32768$。

這樣一來，我們就知道乘方的乘方，在計算時只需要將指數部分相乘即可。雖然在這個例子中，計算的是底數為 2 的情況，但指數律②其實適用於任何底數。

$$(a^p)^q = a^{(p \times q)}$$

乘方的乘方，其計算結果為底數不變，指數則為原本
的指數相乘。

指數律②的具體例子

讓我們來考慮（5^3）^{4}這個例子。如果不使用指數來表示這個式子，會如
下面所示。

$$(5^3)^4 = 5^3 \times 5^3 \times 5^3 \times 5^3$$

將5^3相乘4次

$$= (5 \times 5 \times 5) \times (5 \times 5 \times 5)$$
$$\times (5 \times 5 \times 5) \times (5 \times 5 \times 5)$$

整體來說等於將5相乘12次

從這個式子可以看出，這個算式等同於將5相乘了$3 \times 4 = 12$次。由此可知，

$$(5^3)^4 = 5^{(3 \times 4)} = 5^{12}$$

上面的算式成立。

《指數律③》
不同底數乘方相乘的乘方，等於各底數的指數先分別乘以整體指數後再相乘

$$(2^5 \times 3^6)^4 = 2^{(5 \times 4)} \times 3^{(6 \times 4)}$$

接 下來，讓我們來探討一下指數律③。這個規則可以用右上方的公式表示，**即兩個不同底數乘方相乘的乘方，等於兩個不同底數的指數先分別乘以整體指數後再相乘。**

舉例來說，可以將 $(2^5 \times 3^6)^4$ 表示成 $2^{(5 \times 4)} \times 3^{(6 \times 4)}$。但是結果真的是如此嗎？讓我們驗證一下。

首先，$(2^5 \times 3^6)^4$ 可以表示為 $(2^5 \times 3^6) \times (2^5 \times 3^6) \times (2^5 \times 3^6) \times (2^5 \times 3^6) = (2^5 \times 2^5 \times 2^5 \times 2^5) \times (3^6 \times 3^6 \times 3^6 \times 3^6)$。觀察計算結果的前半部分（　）內的內容，可以看到 2^5 相乘了 4 次，也就是 $(2^5)^4$，根據指數律②，可以知道這等於 $2^{(5 \times 4)}$。同樣地，觀察計算結果的後半部分（　）內的內

容，可以看到 3^6 相乘了 4 次，也就是 $(3^6)^4$，根據指數律②，可以知道這等於 $3^{(6 \times 4)}$。

因此可以證實 $(2^5 \times 3^6)^4 = 2^{(5 \times 4)} \times 3^{(6 \times 4)}$。

綜上所述，可以得出結論，兩指數相乘後的乘方，其計算方法只需將每個底數的指數先分別乘以整體指數後再相乘即可。在這個例子中，計算了底數為 2 和 3 的情況，但是指數律③其實適用於任何底數。

上述幾個指數律又稱為「指數恆等式」。指數律不僅在指數計算中很有用，而且推導對數規則時也是必需的。請大家務必記住這些指數律。

$$(a^p \times b^q)^r = a^{(p \times r)} \times b^{(q \times r)}$$

兩個不同底數乘方相乘的乘方，等於各底數的指數先分別乘以整體指數後再相乘。

指數律③的具體例子

讓我們考慮 $(3 \times 7^9)^4$ 這個例子。
若我們將括號內的部分先進行計算，會得到：

$$(3 \times 7^9)^4 = (3 \times 7^9) \times (3 \times 7^9) \times (3 \times 7^9) \times (3 \times 7^9)$$

將 (3×7^9) 相乘 4 次

$$= (3 \times 3 \times 3 \times 3) \times (7^9 \times 7^9 \times 7^9 \times 7^9)$$

將 3 相乘 4 次　　　　將 7^9 相乘 4 次

從這個例子可以看出，上述算式等於是將 3（$=3^1$）乘以 $1 \times 4 = 4$ 次，並將 7^9 乘以 4 次，也就是將 7 乘以 $9 \times 4 = 36$ 次。因此，

$$(3 \times 7^9)^4 = 3^{(1 \times 4)} \times 7^{(9 \times 4)} = 3^4 \times 7^{36}$$

上面的算式成立。

「2^0」「0^0」的答案為何？

當 指數為0時，這個數值到底是多少呢？舉例來說，2^0是多少呢？

首先，若以2^3為例，這個數值表示「將2乘以3次」的意思。那麼，2^0就表示「將2乘以0次」的意思，但是如果乘以0次，應該怎麼理解呢？有些人可能會認為，既然沒有乘以任何數就等於「沒有任何數」，所以答案是「0」。然而，這個答案是不正確的。若是像這樣過度深究數值的意義，就很容易陷入死胡同裡面。

其實在數學上，「任意數的0次方」，其值被定義為「1」。為什麼呢？這是因為如果我們定義「任意數的0次方等於1」，那麼使用指數律時就可以包括0，非常的方便。

舉例來說，若考慮$2^0 \times 2^3$，如果指數律在這個條件下成立，那麼$2^0 \times 2^3 = 2^{(0+3)} = 2^3$應該要成立。這也就意謂著$2^0$必須要等於1。若照著我們一開始的想法，將$2^0$定義為0，那麼當指數為0時，指數律就不再成立了。相對的，將2^0定義為1，那麼即使指數為0，指數律也會成立。

那麼，0^0又是多少呢？如果我們將其視為「將0乘以0次」，就會再度陷入思緒的迷宮裡。

根據前面的討論，任意數的0次方是1，所以$2^0 = 1$，$1^0 = 1$，那麼$0^0 = 1$似乎是合理的。然而，又因為0乘以任何數都是0，所以$0^2 = 0$，$0^1 = 0$，因此$0^0 = 0$似乎也是合理的。由於上述這種情況，**實際上0^0的答案是不確定的。**

① $a^p \times a^q = a^{p+q}$

② $(a^p)^q = a^{pq}$

③ $(a^p \times b^q)^r \times a^{(p \times r)} \times b^{(q \times r)}$

④ $a^p \div a^q = a^{p-q}$ （但 $a \neq 0$）

上面是指數律的一部分。我們將a^p的 a 稱為「底數」，p 稱為「指數」。指數律①可以將底數相同的乘方相乘（左邊）替換為指數的加法（右邊）。指數律②可以將乘方的乘方（左邊）替換為指數的乘法（右邊）。指數律③可以將不同底數乘方相乘的乘方（左邊）替換為不同底數的指數先分別乘以整體指數後再相乘（右邊）。指數律④可以將底數相同的乘方相除（左邊）替換為指數的減法（右邊）。

0 次方

$$2^0 \times 2^3 = 2^{0+3} = 2^3$$

由此可知,

$$2^0 = 1$$

若是讓 $2^0 = 1$，則即使指數為 0，指數律也成立。

《對數律①》

真數的乘法可轉換為對數的加法

$$\log_2(2\times8)=\log_22+\log_28$$

接 下來我們來討論對數律。看到這裡或許你會覺得公式很多很無聊，但請加把勁撐過這幾個單元吧。只要理解了這個部分，就可以說是理解了對數的本質。

首先是對數律①。如右上方的公式所示，**對數中真數部分為兩數相乘時，可以將其轉換為以這兩數分別作為真數的兩對數的相加。**編註

舉例來說，$\log_2(2\times8)$ 可以表示為 $\log_22+\log_28$。但結果真的是如此嗎？讓我們驗證一下。

$\log_2(2\times8)=\log_216$。這個算式表示的是16是2的多少次方。也就是說，將2相乘幾次可以得到16。這個問題的答案是4次（$16=2^4$），所以 $\log_216=4$。

另外，$\log_22$ 表示2相乘幾次可以得到2，所以 $\log_22=1$；$\log_28$ 表示2相乘幾次可以得到8，所以 $\log_28=3$。由此可知，$\log_22+\log_28=1+3=4$。透過這樣的計算，我們確認了 $\log_2(2\times8)=\log_22+\log_28$ 這一算式的成立。

雖然在這裡討論的是底數為2的情況，但是這個對數律適用於任何大於0（1除外）的底數。

對數律①

$$\log_a(M{\times}N) = \log_aM + \log_aN$$

乘法　　　　　　　　　　　加法

（僅限 $a>0$，$a\neq1$，$M>0$，$N>0$的情況）

真數部分為兩數相乘的對數，
可以轉換為分別將乘數和被乘數作為真數的兩對數的相加。

對數律①的具體例子

以 $\log_{10}(100{\times}1000)$ 為例子。

$$\log_{10}(100{\times}1000) = \log_{10}100000$$

這表示將10相乘幾次可以得到100000，所以

$$\log_{10}100000 = 5 \quad \cdots\cdots(1)$$

接下來，分別考慮 $\log_{10}100$ 和 $\log_{10}1000$。

$$\log_{10}100 = 2 \qquad \log_{10}1000 = 3$$

因此，

$$\log_{10}100 + \log_{10}1000 = 2+3 = 5 \quad \cdots\cdots(2)$$

所以，根據(1)和(2)，

$$\log_{10}(100{\times}1000) = \log_{10}100 + \log_{10}1000$$

我們得知上面的算式成立。

《對數律②》
真數的除法可轉換為對數的減法

$\log_2(8 \div 2) = \log_2 8 - \log_2 2$

接下來，讓我們來介紹對數律②。如右上方的公式所示，**當對數中的真數部分為兩數相除時，可以將它轉換為分別以除數和被除數作為真數的兩對數相減**。編註

舉例來說，$\log_2(8 \div 2)$ 可以表示為 $\log_2 8 - \log_2 2$。但結果真的是如此嗎？讓我們驗證一下。

$\log_2(8 \div 2) = \log_2 4$。這個算式表示的是 4 是 2 的幾次方。也就是說，將 2 相乘幾次可以得到 4。這個問題的答案是 2 次（$4 = 2^2$），所以 $\log_2 4 = 2$。

另一方面，如同在第 86 頁所看到的，$\log_2 8$ 表示 2 相乘幾次可以得到 8，所以 $\log_2 8 = 3$，$\log_2 2$ 表示 2 相乘幾次可以得到

2，所以 $\log_2 2 = 1$。因此我們知道，$\log_2 8 - \log_2 2 = 3 - 1 = 2$。透過這樣的計算，可以確認 $\log_2(8 \div 2) = \log_2 8 - \log_2 2$ 這一算式的成立。

雖然在這裡討論的是底數為 2 的情況，但是對數律②也適用於任何大於 0（1 除外）的底數。

透過使用對數，我們可以將乘法簡化為加法，將除法簡化為減法。這就是對數律①和對數律②的實用之處。

$$\log_a(M \div N) = \log_a M - \log_a N$$

除法　　　　　　　　　　減法

（僅限$a > 0$，$a \neq 1$，$M > 0$，$N > 0$的情況）

真數部分為兩數相除的對數，
可以轉換為分別以被除數和除數作為真數的兩對數相減。

對數律②的具體例子

以$\log_{10}(10000 \div 10)$為例子。

$$\log_{10}(10000 \div 10) = \log_{10}1000$$

這表示將10相乘幾次可以得到1000，所以

$$\log_{10}1000 = 3 \quad \cdots\cdots (1)$$

接下來，分別考慮$\log_{10}10000$和$\log_{10}10$。

$$\log_{10}10000 = 4 \qquad \log_{10}10 = 1$$

所以，

$$\log_{10}10000 - \log_{10}10 = 4 - 1 = 3 \quad \cdots\cdots (2)$$

因此，根據（1）和（2），

$$\log_{10}(10000 \div 10) = \log_{10}10000 - \log_{10}10$$

我們得知上面的算式成立。

《對數律③》
真數的乘方可簡化為簡單的乘法

$\log_2 8^2 = 2 \times \log_2 8$

最後，讓我們來探討一下對數律③。如右上方的公式所示，**若對數的真數部分是一數的乘方，則可以將指數移到log的前面，表示為較簡單的乘法。**

舉例來說，$\log_2 8^2$可以改寫為$2 \times \log_2 8$。但結果真的是如此嗎？讓我們驗證一下。

$\log_2 8^2 = \log_2 64$，而$\log_2 64$表示64是2的多少次方。換句話說，將2相乘幾次可以得到64。這個問題的答案是6次（$64 = 2^6$）所以，$\log_2 64 = 6$。

另一方面，就像在第87頁中看到的那樣，$\log_2 8$表示2相乘幾次可以得到8，所以$\log_2 8 = 3$。因此我們知道，$2 \times \log_2 8 = 2 \times 3 = 6$。透過這樣的計算，可以確認$\log_2 8^2 = 2 \times \log_2 8$成立。

這個對數律③在某些計算中能夠發揮強大的作用，比如計算每天倍增的零用錢在特定天數後會變為多少（詳見第92～95頁）。

上述對數律又稱為「對數恆等式」。對數律是一個方便的工具，若能熟記，就可以幫助我們簡化繁瑣的計算。

$$\log_a M^k = k \times \log_a M$$

乘方　　　　　　　簡單的乘法

（僅限 $a > 0$，$a \neq 1$，$M > 0$ 的情況）

真數部分以乘方的形式表示的對數，
可以將指數移到log的前面，置換為簡單的乘法。

對數律③的具體例子

以 $\log_{10} 100^2$ 為例子。

$$\log_{10} 100^2 = \log_{10} 10000 = 4 \quad \cdots\cdots (1)$$

另一方面，若計算 $2 \times \log_{10} 100$，

$$2 \times \log_{10} 100 = 2 \times 2 = 4 \quad \cdots\cdots (2)$$

因此，根據（1）和（2），

$$\log_{10} 100^2 = 2 \times \log_{10} 100$$

我們得知上面的算式成立。

每日倍增的零用錢

一開始只有 1 日圓的零用錢，過了幾天之後
才會超過 10 億日圓呢？

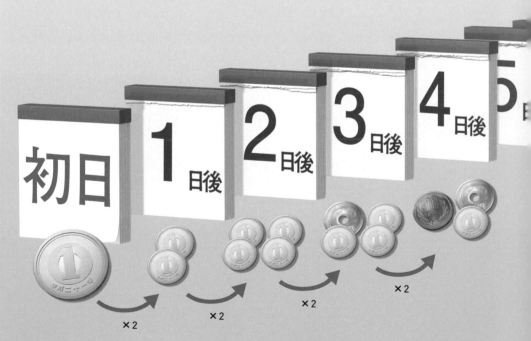

$$2^? = 1000000000$$

第一天得到1日圓，第二天得到2倍的2日圓，第三天再獲得2倍的4日圓……，讓我們回頭討論第27頁提到的這個例子。既然獲得的金額每天都在倍增，總有一天一定能夠獲得超過10億日元的零用錢吧。那麼，這是在多少天之後呢？

獲得的零用錢金額會隨著時間的推移而倍增，所以可將其表示為1日圓×2×2×……。換句話說，**我們要回答的問題其實是「2相乘了多少次可以得到10億」**。「相乘的數字（底數）」是2[編註]，「透過相乘得到的數字（真數）」是10億，**所以可以用對數，來將這個問題表示為$\log_2 1000000000$**。

下一單元我們即將揭曉，這個對數的計算結果到底是多少。

編註：以2為底數的對數又稱為二進制對數，常用於電腦科學，因為電腦中二進制很普及。C與C++程式設計語言的標準函數庫中包含了$\log_2$、$\log_{2f}$等函數，用來計算以2為底數的對數。

$$\log_2 1000000000 = ?\text{日後}$$

使用對數就能知道需要花上多少天！

從1日圓開始，每天都可以獲得前一天的零用錢的2倍，那麼金額要超過10億日圓需要多少天呢？

累計超過10億日圓
竟然只要這麼短的時間

善用對數的性質，就能像這樣進行計算

在 上一單元中我們已經將問題限縮到$\log_2 1000000000$的計算，那麼這個數值究竟是多少呢？**答案是約29.9。每天成倍增加的零用錢，30天後就會超過10億日圓**。編註

利用對數的性質，可以輕鬆地計算這個問題。讓我們看看詳細的計算方法。

零用錢超過10億日圓的時間

30
日後

對數律①將乘法變成加法！

$$\log_a(M \times N) = \log_a M + \log_a N$$

對數律③把指數移到 log 的前面！

$$\log_a M^k = k \times \log_a M$$

$$\log_2 1000000000$$

$$= \log_2 10^9$$

首先，將10億表示成指數。

$$= 9 \times \log_2 10$$

10^9的指數「9」可以移到log的前面（對數律③）。

$$= 9 \times \log_2 (2 \times 5)$$

將10視為2×5。

乘法的對數可以變成加法（對數律①）。

$$= 9 \times (\log_2 2 + \log_2 5) \quad \cdots\cdots (A)$$

由於$\log_2 2$表示「將2相乘幾次會得到2」，所以答案是1。那麼，$\log_2 5$會是多少呢？這表示「將2相乘幾次會得到5」。

$$2 \times 2 \quad = 2^2 = 4$$
$$2 \times 2 \times 2 = 2^3 = 8$$

所以，

$$2 \quad < \quad \log_2 5 \quad < \quad 3$$

若將上述2到3之間的範圍不斷縮小，可以得到更精確的值，

$$\log_2 5 = 2.3219\cdots\cdots$$

這表示5約等於$2^{2.3219\cdots\cdots}$。將這個數值再代入（A），

$$= 9 \times (1 + 2.3219\cdots\cdots) \doteqdot 29.9$$

會得到上述結果。這表示$\log_2 1000000000 \doteqdot 29.9$。
換句話說，每天成倍增加的零用錢，在30天後便會超過10億日圓。

在沒有電腦的情況下，撐起技術發展的「類比計算機」

使用對數原理進行各種計算的計算尺

在現代，電子計算機和電腦等「數位計算機」已經普及，因此我們很少需要自己動手進行計算。然而，在1970年代左右，當時的人們常使用名為「計算尺」的工具進行各種計算（參見第74～75頁）。

計算尺是一種使用對數原理進行計算的「類比計算機」。特別是在乘法、除法、三角函數、對數、平方根（平方之後可以得到原本的數）和立方根（立方之後可以得到原本的數）等計算上，經常使用到它。

計算尺又分為直形算尺和圓形算尺兩種。直形算尺是由兩條「固定尺」，夾著一條「滑尺」所構成，利用標有紅線的透明游標準確讀取數據（如右下圖）。固定尺和滑尺上有著各種「對數刻度」。透過將中間的滑尺向左或向右滑動，可以輕而易舉的進行各種計算。

1970年代以前，當電子計算機尚未普及時，計算尺對於技術人員和科學家來說是不可或缺的工具。從建築物和航空引擎的設計，到火箭和飛機的導航計算等，對應不同用途的各式計算尺，在不同領域得到了廣泛的應用。

紐約的帝國大廈、巴黎的艾菲爾鐵塔、東京的東京鐵塔等世界著名的現代建築，其實都是使用計算尺進行設計的。在吉卜力工作室的長篇動畫電影《風起》中，也出現了主角堀越二郎作為航空技術人員，使用計算尺進行飛機設計的場景。

長年以來，計算尺一直被當成是能夠象徵技術人員和科學家們的重要工具。

計算尺的基本結構

固定尺 ── 游標 滑尺（左右移動）

固定尺 ──

計算尺中隱藏著的對數原理

**將對數刻度的長度相加，就能得到
乘法的答案**

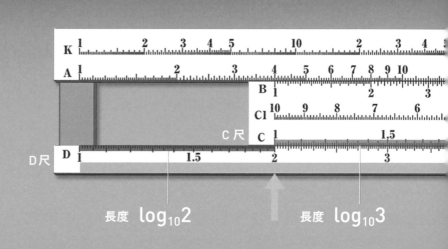

長度 $\log_{10}2$　　長度 $\log_{10}3$

① 在D尺中尋找2×3中的「2」
的刻度位置，將C尺左端的刻
度「1」對齊該刻度。

透過計算尺的計算方式，可以更好地理解對數的原理。讓我們以較簡單的「2×3」的計算為例來進行解說。

我們使用如下圖所示的對數刻度的滑尺（C尺）和固定尺（D尺）來進行示範。將C尺滑動到D尺的刻度「2」的位置，使其對齊C尺的刻度「1」[編註]（①）。然後，讀取C尺的刻度「3」對應到的D尺上的刻度值（②）。這個刻度值應

該是「6」，也就是2×3的答案。

這個過程透過將計算尺上的對數刻度的距離相疊，將D尺的$\log_{10}2$和C尺的$\log_{10}3$的值進行加法運算。換句話說，是利用，$\log_{10}2 + \log_{10}3 = \log_{10}(2×3)$的關係式，透過加法來計算乘法。

編註：C尺的刻度1稱為索引（index）或原點。

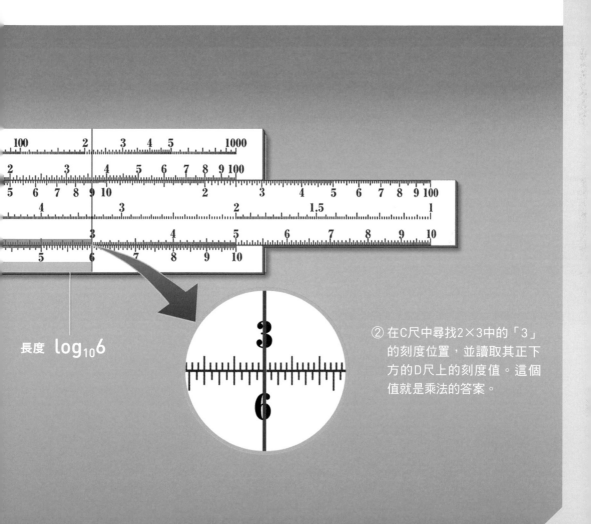

長度 $\log_{10}6$

② 在C尺中尋找2×3中的「3」的刻度位置，並讀取其正下方的D尺上的刻度值。這個值就是乘法的答案。

對數是「魔法計算工具」

如何使用計算尺計算「36×42」？

有時候也需要調整位數

「36×42」的計算方法（方法1）

將36×42視為「3.6×4.2」，並在D尺上找到「3.6」的刻度，將其與C尺的原點1對齊（①），然後讀取C尺上的「4.2」下方對應的D尺的刻度（②）。但實際上，用這種方法會讀取不到數值，所以這個方法失敗了。接下來進入方法2（右頁）。

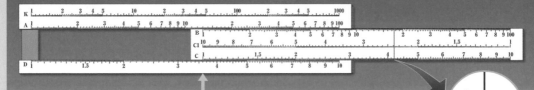

① 將36×42中的「36」視為「3.6」。在D尺上找到3.6的刻度，將其與C尺左端的刻度「1」對齊。

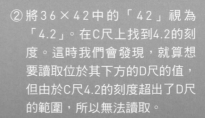

② 將36×42中的「42」視為「4.2」。在C尺上找到4.2的刻度。這時我們會發現，就算想要讀取位於其下方的D尺的值，但由於C尺4.2的刻度超出了D尺的範圍，所以無法讀取。

如果只是要算2×3的話，直接心算可能還比較快。但是，當被乘數和乘數的位數增加時，使用計算尺就能加速計算過程。

例如，「36×42」這個乘法也可以使用計算尺進行計算（如圖①～④）。**由於計算尺的刻度上沒有36和42，所以需要將36×42先視為「3.6×4.2」，然後進行計算。雖然多了一些步驟，但使用計算尺計算仍然是相對簡單的。**

此外，雖然在這裡礙於篇幅無法介紹，但使用其他種類的計算尺，則如平方根等計算也可以輕鬆地完成。無論哪種情況，基本上只需將滑尺左右移動，就可以得出計算的答案（不過是近似值）。

「36×42」的計算方法（方法2）

將刻度相同的雙面計算尺翻面，讓滑尺開口朝左，將D尺上「3.6」的刻度與C尺上的「10」對齊（③），然後讀取C尺上「4.2」的刻度下方對應的D尺的值，得到的是「約1.51」（④）。調整位數後，答案約為「1510」。

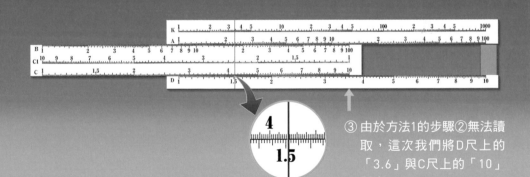

③ 由於方法1的步驟②無法讀取，這次我們將D尺上的「3.6」與C尺上的「10」對齊。

④ 讀取C尺上的「4.2」對齊的D尺上的刻度，約為「1.51」。這裡為了調整位數，將1.51乘以1000[編註]。

編註：由於將D尺上的「36」視為「3.6」（3.6＝36×10⁻¹），本應對齊C尺上的原點「1」改為對齊「10」（1＝10×10⁻¹），結果C尺上的「4.2」（4.2＝42×10⁻¹）對齊D尺上的刻度約為「1.51」，所以「1.51」恢復原數須乘以1000（10×10×10）。

答案約為「1510」（實際上是1512）

Coffee Break

對數的發明使天文學家的壽命延長了一倍

第一個提出對數這個概念的，是蘇格蘭貴族納皮爾（John Napier，1550～1617）。納皮爾除了擔任城主的職務外，也熱衷於數學、物理學和天文學的研究。在納皮爾的各種發現編註中，對數對於往後的社會產生了特別大的影響。

納皮爾生活在西元1600年左右，那時的歐洲正處於大航海時代。這些在海上航行的船員們，必須要掌握自己的船隻在大海中的位置。因應這個需求發展出來的，是根據星星位置計算船的位置的「天文導航」（celestial navigation）。

然而，天文導航的計算包含極大數字的乘法等運算，非常繁瑣。這類涉及巨大數字的天文計算，令當時的天文學家們倍感困擾。

有鑑於此，納皮爾提出了對數的概念。**使用對數，可以輕鬆地進行大數乘法，大大減輕了計算的負擔**。法國數學家拉普拉斯（Pierre-Simon Laplace，1749～1827）曾說過，對數的發明「使天文學家的壽命延長了一倍」。

若要使用對數進行運算，必須事先準備好包含各種對數數值的「對數表」。納皮爾花了約20年的時間來製作對數表。**最早的對數表完成於1614年，以拉丁文發表在論文中，並成為了日後對數表的原型，而納皮爾則在3年後去世**。

編註：納皮爾發明了一種計算器，稱為納皮爾的骨頭（Napier's bones），由一個底盤及九根金屬棒組成，可以把乘法運算轉為加法，也可以把除法運算轉為減法，更為進階的用法也可以開平方根，被視為機械計算尺的直接祖先。

納皮爾

4

實踐篇
對數的應用

接下來，我們將使用常用對數表來進行一些實際計算。透過指數律和對數律，使心算起來相當吃力的計算，可以輕鬆完成。就讓我們透過具體的例子，來感受一下對數的運用方法。

$$e = \lim_{n \to \infty} \left(1 + \frac{1}{n}\right)^n$$

82

N.	1.58 30 Log.	D.	N.	1.59 0 Log.	D	N.	1.59 30 Log.	D.
7110	3.85187	6	7140	3.85370	6	7170	3.85552	6
7111	3.85193	6	7141	3.85376	6	7171	3.85558	6
7112	3.85199	6	7142	3.85382	6	7172	3.85564	6
7113	3.85205	6	7143	3.85388	6	7173	3.85570	6
7114	3.85211	6	7144	3.85394	6	7174	3.85576	6
7115	3.85217	7	7145	3.85400	6	7175	3.85582	6
7116	3.85224	6	7146	3.85406	6	7176	3.85588	6
7117	3.85230	6	7147	3.85412	6	7177	3.85594	6
7118	3.85236	6	7148	3.85418	7	7178	3.85600	6
7119	3.85242	6	7149	3.85425	6	7179	3.85606	6
7120	3.85248	6	7150	3.85431	6	7180	3.85612	6
7121	3.85254	6	7151	3.85437	6	7181	3.85618	7
7122	3.85260	6	7152	3.85443	6	7182	3.85625	6
7123	3.85266		7153					

計算時很好用的「常用對數表」

常用對數表是以10為底數的對數一覽表

常用對數表	0	1	2	3	4	5	6	7	8	9
1.0	0.0000	0.0043	0.0086	0.0128	0.0170	0.0212	0.0253	0.0294	0.0334	0.0374
1.1	0.0414	0.0453	0.0492	0.0531	0.0569	0.0607	0.0645	0.0682	0.0719	0.0755
1.2	0.0792	0.0828	0.0864	0.0899	0.0934	0.0969	0.1004	0.1038	0.1072	0.1106
1.3	0.1139	0.1173	0.1206	0.1239	0.1271	0.1303	0.1335	0.1367	0.1399	0.1430
1.4	0.1461	0.1492	0.1523	0.1553	0.1584	0.1614	0.1644	0.1673	0.1703	0.1732
1.5	0.1761	0.1790	0.1818	0.1847	0.1875	0.1903	0.1931	0.1959	0.1987	0.2014
1.6	0.2041	0.2068	0.2095	0.2122	0.2148	0.2175	0.2201	0.2227	0.2253	0.2279
1.7	0.2304	0.2330	0.2355	0.2380	0.2405	0.2430	0.2455	0.2480	0.2504	0.2529
1.8	0.2553	0.2577	0.2601	0.2625	0.2648	0.2672	0.2695	0.2718	0.2742	0.2765
1.9	0.2788	0.2810	0.2833	0.2856	0.2878	0.2900	0.2923	0.2945	0.2967	0.2989
2.0	0.3010	0.3032	0.3054	0.3075	0.3096	0.3118	0.3139	0.3160	0.3181	0.3201
2.1	0.3222	0.3243	0.3263	0.3284	0.3304	0.3324	0.3345	0.3365	0.3385	0.3404
2.2	0.3424	0.3444	0.3464	0.3483	0.3502	0.3522	0.3541	0.3560	0.3579	0.3598
2.3	0.3617	0.3636	0.3655	0.3674	0.3692	0.3711	0.3729	0.3747	0.3766	0.3784
2.4	0.3802	0.3820	0.3838	0.3856	0.3874	0.3892	0.3909	0.3927	0.3945	0.3962
2.5	0.3979	0.3997	0.4014	0.4031	0.4048	0.4065	0.4082	0.4099	0.4116	0.4133
2.6	0.4150	0.4166	0.4183	0.4200	0.4216	0.4232	0.4249	0.4265	0.4281	0.4298
2.7	0.4314	0.4330	0.4346	0.4362	0.4378	0.4393	0.4409	0.4425	0.4440	0.4456
2.8	0.4472	0.4487	0.4502	0.4518	0.4533	0.4548	0.4564	0.4579	0.4594	0.4609
2.9	0.4624	0.4639	0.4654	0.4669	0.4683	0.4698	0.4713	0.4728	0.4742	0.4757
3.0	0.4771	0.4786	0.4800	0.4814	0.4829	0.4843	0.4857	0.4871	0.4886	0.4900
3.1	0.4914	0.4928	0.4942	0.4955	0.4969	0.4983	0.4997	0.5011	0.5024	0.5038
3.2	0.5051	0.5065	0.5079	0.5092	0.5105	0.5119	0.5132	0.5145	0.5159	0.5172
3.3	0.5185	0.5198	0.5211	0.5224	0.5237	0.5250	0.5263	0.5276	0.5289	0.5302
3.4	0.5315	0.5328	0.5340	0.5353	0.5366	0.5378	0.5391	0.5403	0.5416	0.5428
3.5	0.5441	0.5453	0.5465	0.5478	0.5490	0.5502	0.5514	0.5527	0.5539	0.5551
3.6	0.5563	0.5575	0.5587	0.5599	0.5611	0.5623	0.5635	0.5647	0.5658	0.5670
3.7	0.5682	0.5694	0.5705	0.5717	0.5729	0.5740	0.5752	0.5763	0.5775	0.5786
3.8	0.5798	0.5809	0.5821	0.5832	0.5843	0.5855	0.5866	0.5877	0.5888	0.5899
3.9	0.5911	0.5922	0.5933	0.5944	0.5955	0.5966	0.5977	0.5988	0.5999	0.6010
4.0	0.6021	0.6031	0.6042	0.6053	0.6064	0.6075	0.6085	0.6096	0.6107	0.6117
4.1	0.6128	0.6138	0.6149	0.6160	0.6170	0.6180	0.6191	0.6201	0.6212	0.6222
4.2	0.6232	0.6243	0.6253	0.6263	0.6274	0.6284	0.6294	0.6304	0.6314	0.6325
4.3	0.6335	0.6345	0.6355	0.6365	0.6375	0.6385	0.6395	0.6405	0.6415	0.6425
4.4	0.6435	0.6444	0.6454	0.6464	0.6474	0.6484	0.6493	0.6503	0.6513	0.6522
4.5	0.6532	0.6542	0.6551	0.6561	0.6571	0.6580	0.6590	0.6599	0.6609	0.6618
4.6	0.6628	0.6637	0.6646	0.6656	0.6665	0.6675	0.6684	0.6693	0.6702	0.6712
4.7	0.6721	0.6730	0.6739	0.6749	0.6758	0.6767	0.6776	0.6785	0.6794	0.6803
4.8	0.6812	0.6821	0.6830	0.6839	0.6848	0.6857	0.6866	0.6875	0.6884	0.6893
4.9	0.6902	0.6911	0.6920	0.6928	0.6937	0.6946	0.6955	0.6964	0.6972	0.6981
5.0	0.6990	0.6998	0.7007	0.7016	0.7024	0.7033	0.7042	0.7050	0.7059	0.7067
5.1	0.7076	0.7084	0.7093	0.7101	0.7110	0.7118	0.7126	0.7135	0.7143	0.7152
5.2	0.7160	0.7168	0.7177	0.7185	0.7193	0.7202	0.7210	0.7218	0.7226	0.7235
5.3	0.7243	0.7251	0.7259	0.7267	0.7275	0.7284	0.7292	0.7300	0.7308	0.7316
5.4	0.7324	0.7332	0.7340	0.7348	0.7356	0.7364	0.7372	0.7380	0.7388	0.7396

在 計算中使用對數時，經常會使用到「常用對數表」。**常用對數表是將以10為底數的對數（常用對數）列成表格而成的。使用位數較多的常用對數表可以使計算更加準確。**

常用對數表的最左邊一行是真數的整數部分和小數第1位，表格的最上方一列是真數的小數第2位。而從左邊數字延伸出的列和上方數字延伸出的行相交的位置上的數字，就是與這個真數對應並以10為底數的對數（常用對數）。例如，$\log_{10}1.31$的值是真數1.31的整數部分和小數第1位「1.3」（紅框）對應的列，以及小數第2位「1」（藍框）對應的行相交的位置上的「0.1173」（橙框）。下方的常用對數表，對應範圍是1.00到9.99的真數。

在接下來的頁面中，我們將使用常用對數表進行具體計算。

常用對數表	0	1	2	3	4	5	6	7	8	9
5.5	0.7404	0.7412	0.7419	0.7427	0.7435	0.7443	0.7451	0.7459	0.7466	0.7474
5.6	0.7482	0.7490	0.7497	0.7505	0.7513	0.7520	0.7528	0.7536	0.7543	0.7551
5.7	0.7559	0.7566	0.7574	0.7582	0.7589	0.7597	0.7604	0.7612	0.7619	0.7627
5.8	0.7634	0.7642	0.7649	0.7657	0.7664	0.7672	0.7679	0.7686	0.7694	0.7701
5.9	0.7709	0.7716	0.7723	0.7731	0.7738	0.7745	0.7752	0.7760	0.7767	0.7774
6.0	0.7782	0.7789	0.7796	0.7803	0.7810	0.7818	0.7825	0.7832	0.7839	0.7846
6.1	0.7853	0.7860	0.7868	0.7875	0.7882	0.7889	0.7896	0.7903	0.7910	0.7917
6.2	0.7924	0.7931	0.7938	0.7945	0.7952	0.7959	0.7966	0.7973	0.7980	0.7987
6.3	0.7993	0.8000	0.8007	0.8014	0.8021	0.8028	0.8035	0.8041	0.8048	0.8055
6.4	0.8062	0.8069	0.8075	0.8082	0.8089	0.8096	0.8102	0.8109	0.8116	0.8122
6.5	0.8129	0.8136	0.8142	0.8149	0.8156	0.8162	0.8169	0.8176	0.8182	0.8189
6.6	0.8195	0.8202	0.8209	0.8215	0.8222	0.8228	0.8235	0.8241	0.8248	0.8254
6.7	0.8261	0.8267	0.8274	0.8280	0.8287	0.8293	0.8299	0.8306	0.8312	0.8319
6.8	0.8325	0.8331	0.8338	0.8344	0.8351	0.8357	0.8363	0.8370	0.8376	0.8382
6.9	0.8388	0.8395	0.8401	0.8407	0.8414	0.8420	0.8426	0.8432	0.8439	0.8445
7.0	0.8451	0.8457	0.8463	0.8470	0.8476	0.8482	0.8488	0.8494	0.8500	0.8506
7.1	0.8513	0.8519	0.8525	0.8531	0.8537	0.8543	0.8549	0.8555	0.8561	0.8567
7.2	0.8573	0.8579	0.8585	0.8591	0.8597	0.8603	0.8609	0.8615	0.8621	0.8627
7.3	0.8633	0.8639	0.8645	0.8651	0.8657	0.8663	0.8669	0.8675	0.8681	0.8686
7.4	0.8692	0.8698	0.8704	0.8710	0.8716	0.8722	0.8727	0.8733	0.8739	0.8745
7.5	0.8751	0.8756	0.8762	0.8768	0.8774	0.8779	0.8785	0.8791	0.8797	0.8802
7.6	0.8808	0.8814	0.8820	0.8825	0.8831	0.8837	0.8842	0.8848	0.8854	0.8859
7.7	0.8865	0.8871	0.8876	0.8882	0.8887	0.8893	0.8899	0.8904	0.8910	0.8915
7.8	0.8921	0.8927	0.8932	0.8938	0.8943	0.8949	0.8954	0.8960	0.8965	0.8971
7.9	0.8976	0.8982	0.8987	0.8993	0.8998	0.9004	0.9009	0.9015	0.9020	0.9025
8.0	0.9031	0.9036	0.9042	0.9047	0.9053	0.9058	0.9063	0.9069	0.9074	0.9079
8.1	0.9085	0.9090	0.9096	0.9101	0.9106	0.9112	0.9117	0.9122	0.9128	0.9133
8.2	0.9138	0.9143	0.9149	0.9154	0.9159	0.9165	0.9170	0.9175	0.9180	0.9186
8.3	0.9191	0.9196	0.9201	0.9206	0.9212	0.9217	0.9222	0.9227	0.9232	0.9238
8.4	0.9243	0.9248	0.9253	0.9258	0.9263	0.9269	0.9274	0.9279	0.9284	0.9289
8.5	0.9294	0.9299	0.9304	0.9309	0.9315	0.9320	0.9325	0.9330	0.9335	0.9340
8.6	0.9345	0.9350	0.9355	0.9360	0.9365	0.9370	0.9375	0.9380	0.9385	0.9390
8.7	0.9395	0.9400	0.9405	0.9410	0.9415	0.9420	0.9425	0.9430	0.9435	0.9440
8.8	0.9445	0.9450	0.9455	0.9460	0.9465	0.9469	0.9474	0.9479	0.9484	0.9489
8.9	0.9494	0.9499	0.9504	0.9509	0.9513	0.9518	0.9523	0.9528	0.9533	0.9538
9.0	0.9542	0.9547	0.9552	0.9557	0.9562	0.9566	0.9571	0.9576	0.9581	0.9586
9.1	0.9590	0.9595	0.9600	0.9605	0.9609	0.9614	0.9619	0.9624	0.9628	0.9633
9.2	0.9638	0.9643	0.9647	0.9652	0.9657	0.9661	0.9666	0.9671	0.9675	0.9680
9.3	0.9685	0.9689	0.9694	0.9699	0.9703	0.9708	0.9713	0.9717	0.9722	0.9727
9.4	0.9731	0.9736	0.9741	0.9745	0.9750	0.9754	0.9759	0.9763	0.9768	0.9773
9.5	0.9777	0.9782	0.9786	0.9791	0.9795	0.9800	0.9805	0.9809	0.9814	0.9818
9.6	0.9823	0.9827	0.9832	0.9836	0.9841	0.9845	0.9850	0.9854	0.9859	0.9863
9.7	0.9868	0.9872	0.9877	0.9881	0.9886	0.9890	0.9894	0.9899	0.9903	0.9908
9.8	0.9912	0.9917	0.9921	0.9926	0.9930	0.9934	0.9939	0.9943	0.9948	0.9952
9.9	0.9956	0.9961	0.9965	0.9969	0.9974	0.9978	0.9983	0.9987	0.9991	0.9996

使用對數計算法，計算看看 131×219吧

利用對數律①，將乘法轉換為加法

計算「131×219」時

將131×219轉換為以10為底數的對數。接著利用對數律①，將乘法轉換為加法，並從常用對數表中讀取常用對數進行代入。

將要計算的「131×219」轉換為以10為底數的對數的真數。

$$\log_{10}(131 \times 219)$$

由於這次使用的常用對數表的真數範圍是1.00～9.99，所以我們需要調整131×219的位數，使其符合這個範圍。
然後，根據對數律①，將乘法轉換為加法。

$$\log_{10}(131 \times 219)$$

$$= \log_{10}\{(1.31 \times 10^2) \times (2.19 \times 10^2)\} \quad \longleftarrow \text{調整位數}$$

$$= \log_{10}(1.31 \times 2.19 \times 10^4) \quad \longleftarrow \text{根據指數律①}$$

$$= \log_{10}1.31 + \log_{10}2.19 + \log_{10}10^4 \quad \longleftarrow \text{根據對數律①}$$

$$= \log_{10}1.31 + \log_{10}2.19 + 4 \quad \cdots\cdots ❶$$

根據對數律③，$\log_{10}10^4 = 4 \times \log_{10}10$。
由於$\log_{10}10 = 1$，所以$\log_{10}10^4 = 4$。

接 下來，讓我們以「131×219」為例，嘗試利用常用對數表進行計算。

首先，將「131×219」轉換為以10為底數的對數。然後根據對數律①，將乘法轉換為加法。

具體來說，我們要將$\log_{10}$（131×219）換成＝$\log_{10}131+\log_{10}219$。然後調整位數，將它轉成$\log_{10}1.31+\log_{10}2.19+\log_{10}10^4$。

如果從常用對數表中讀取常用對數，代入轉換後的式子，則結果變為0.1173＋0.3404＋4。在得到最終答案的過程中，真正需要計算的，其實只有這個加法運算而已。原始的乘法越複雜，利用對數律①進行計算的簡化效果就越明顯。

在這裡，從常用對數表中讀取$\log_{10}1.31$與$\log_{10}2.19$的值，並代入到❶中。

$$\log_{10}1.31+\log_{10}2.19+4$$
$$\fallingdotseq 0.1173+0.3404+4$$
$$= 0.4577+4 \cdots\cdots❷$$

> 從常用對數表中讀取常用對數的值來進行加法運算。實際上，需要計算的只有這一部分。

> 由於常用對數表中的常用對數小於 1，因此配合它將數字分為小數部分和整數部分。

接下來，在常用對數表中尋找一個最接近0.4577的數值，並找出其對應的真數，可以得知$0.4577 \fallingdotseq \log_{10}2.87$。將$0.4577 \fallingdotseq \log_{10}2.87$代入到❷中。

$$\log_{10}（131 \times 219）\fallingdotseq \log_{10}2.87+4$$
$$= \log_{10}2.87+\log_{10}10^4$$
$$= \log_{10}（2.87 \times 10^4）$$

> 由於$\log_{10}10=1$，所以$4=4\times\log_{10}10$。然後根據對數律③，$4\times\log_{10}10=\log_{10}10^4$。因此，$4=\log_{10}10^4$。

> 根據對數律①

透過這樣的方式，我們得到$\log_{10}（131 \times 219）\fallingdotseq \log_{10}（2.87 \times 10^4）$。將兩邊的真數部分進行比較。

$$131 \times 219 \fallingdotseq 2.87 \times 10^4 = 28700$$

因此，「131×219」的答案大約是「28700」（實際答案為28689）

使用對數計算法，計算看看 2的29次方吧

使用對數律③，將乘方轉換為簡單的乘法

計算「2^{29}」時

首先，將要計算的2^{29}轉化為以10為底數的對數。根據對數律③，將乘方轉換為簡單的乘法，並從常用對數表中尋找對應的常用對數值，並代入算式中。

將要計算的「2^{29}」轉化為以10為底數的對數。

$$\log_{10}2^{29}$$

根據對數律③，

$$\log_{10}2^{29} = 29 \times \log_{10}2 \ \cdots\cdots❶$$

在這裡，我們從常用對數表中查找$\log_{10}2$的值，並代入到❶中。

$$\log_{10}2^{29} ≒ 29 \times 0.3010$$

> 實際上只需要進行這個計算。

$$= 8.7290$$

$$= 0.7290+8 \ \cdots\cdots❷$$

> 由於常用對數表中的常用對數小於1，因此配合它將數字分為小數部分和整數部分。

接下來，我們嘗試使用常用對數表來計算「2^{29}」。

在這個計算中，首先需要將2^{29}轉化為以10為底數的對數。然後根據對數律③，將乘方轉換為簡單的乘法。

具體地說，我們將$\log_{10}2^{29} = 29 \times \log_{10}2$轉換為$29 \times \log_{10}2$。透過查找常用對數表，可以將這個算式改寫為$29 \times 0.3010$。在得到最終答案的過程中，真正需要計算的，實際上只有這個乘法運算而已。

透過對數律③可以將乘方轉換為簡單的乘法，這樣一來就不需要計算複雜的2^{29}。關於詳細的計算過程，請參考下面的算式。

接下來，從常用對數表中尋找一個最接近0.7290的值，並找出其對應的真數，即$0.7290 \fallingdotseq \log_{10}5.36$。

將$0.7290 \fallingdotseq \log_{10}5.36$代入到❷中。

$$\log_{10}2^{29} \fallingdotseq \log_{10}5.36 + 8$$

$$= \log_{10}5.36 + 8 \times \log_{10}10 \quad \blacktriangleleft \text{由於} \log_{10}10 = 1$$

$$= \log_{10}5.36 + \log_{10}10^8 \quad \blacktriangleleft \text{根據對數律③}$$

$$= \log_{10}(5.36 \times 10^8) \quad \blacktriangleleft \text{根據對數律①}$$

透過這樣的計算，可以得到$\log_{10}2^{29} \fallingdotseq \log_{10}(5.36 \times 10^8)$。此時比較兩邊的真數部分。

$$2^{29} \fallingdotseq 5.36 \times 10^8 = 536000000$$

因此我們知道，「2^{29}」的答案約為「536000000」 （實際答案是536870912）

使用對數計算法，計算看看 2的12次方根吧

使用對數律③，將乘方轉換為簡單的乘法

計算「2的12次方根」時

首先將2的12次方根用「r」代替，將算式改寫為「$r^{12} = 2$」，並將等式的兩邊改寫成以10為底數的對數。

根據對數律③，將乘方轉換為簡單的乘法運算，並從常用對數表中找到常用對數代入算式裡。

將想要計算的「2的12次方根」用「r」表示。
因為2的12次方根相乘12次等於2，

$$r^{12} = 2 \quad \cdots\cdots ❶$$

將❶的兩邊改寫成以10為底數的對數。

$$\log_{10} r^{12} = \log_{10} 2 \quad \cdots\cdots ❷$$

根據對數律③，

$$\log_{10} r^{12} = 12 \times \log_{10} r \quad \cdots\cdots ❸$$

將❸代入❷。

$$12 \times \log_{10} r = \log_{10} 2$$

$$\log_{10} r = (\log_{10} 2) \div 12 \quad \cdots\cdots ❹$$

最後，我們介紹一下使用常用對數表計算「2的12次方根」的方法。n次方根（n-th root）是指相乘n次後會變回原來的數字的數。

首先，將2的12次方根用「r」代替。因為2的12次方根相乘12次後等於2，所以$r^{12}=2$。在計算n次方根時，可以將這個等式的兩邊改寫成以10為底數的對數。然後，根據對數律③，可以將乘方轉換為簡單的乘法運算。

具體來說，我們可以將算式寫成$\log_{10}r^{12}=\log_{10}2$，再將其轉換成$12\times\log_{10}r=\log_{10}2$，也就是$\log_{10}r=(\log_{10}2)\div12$。從常用對數表中查找常用對數，可以再改寫為$0.3010\div12$。因此在得到最終答案的過程中，真正需要計算的，只有這個除法運算而已。

由於對數律③可以將乘方轉換為簡單的乘法運算，所以即使是像2的12次方根這樣困難的計算，也能輕鬆得到答案。

現在，讓我們從常用對數表中尋找$\log_{10}2$的值，並將其代入❹。

$$\log_{10}r \fallingdotseq 0.3010\div12$$

$$\fallingdotseq 0.0251 \quad \cdots\cdots❺$$

實際上只需要進行這一步計算即可。

在常用對數表中尋找一個最接近0.0251的對數，並找出其對應的真數值，
可以得到$0.0251 \fallingdotseq \log_{10}1.06$
將$0.0251 \fallingdotseq \log_{10}1.06$代入❺。

$$\log_{10}r \fallingdotseq \log_{10}1.06$$

再將得到的$\log_{10}r \fallingdotseq \log_{10}1.06$兩邊的真數部分進行比較。

$$r \fallingdotseq 1.06$$

因此，「2的12次方根」的答案是約「1.06」（實際答案是1.059……）

存在銀行的錢
會怎麼增加呢？

如果不斷把利息增加的週期縮短，
最終會出現一個特別的數字

存入銀行的錢，1年後變成多少錢？

將公式「$(1+\frac{1}{n})^n$」中的 n 以 2 代入，可以算出 $\frac{1}{2}$ 年（半年）期計息定存期滿後存款金額變成（$1+\frac{1}{2}$）倍連續複利。其中 $\frac{1}{2}$ 代表半年所產生的利息。半年後的存款金額變成 1 的（$1+\frac{1}{2}$）倍。再過半年之後的存款金額是 {1 的（$1+\frac{1}{2}$）倍} 的（$1+\frac{1}{2}$）倍。因此，1 年後的存款金額是（$1+\frac{1}{2}$）^{2}。當 n 越大（產生利息的週期越短），1 年後的存款總金額會越接近 2.718281…（如下表）。

1 年後的存款金額計算結果

n	利息產生的週期（$\frac{1}{n}$ 年）	利息（$\frac{1}{n}$）	1年後的存款金額 $(1+\frac{1}{n})^n$
1	1 年	$\frac{1}{1}$	2
2	半年	$\frac{1}{2}$	2.25
4	3 個月	$\frac{1}{4}$	2.44140625
12	1 個月	$\frac{1}{12}$	2.6130352902…
365	1 天	$\frac{1}{365}$	2.7145674820…
8760	1 小時	$\frac{1}{8760}$	2.7181266916…
525600	1 分鐘	$\frac{1}{525600}$	2.7182792425…

數學中有一個特別的數字，名叫「尤拉數e」（Euler number），又稱為自然常數或自然底數[編註1]。

e的值是2.718281…，這個數值在小數點後不斷延伸。

據說這個數字是數學家白努利（Jakob I. Bernoulli，1654～1705）在1683年計算銀行存款的利息時使用連續複利公式「$(1+\frac{1}{n})^n$」時發現的。假設最初存入的金額為「1」，$\frac{1}{n}$年之後會變成$(1+\frac{1}{n})$倍，那麼1年之後的存款金額就是$(1+\frac{1}{n})^n$。[編註2]

編註1：尤拉數e是「自然對數」（natural logarithm，記作$\log_e x$）的底數。1727年尤拉開始用e來表示這個常數，請勿與「尤拉常數」（Euler's constant，以希臘字母 γ 表示）混淆，尤拉常數是調和級數（harmonic series）與自然對數的差值。

編註2：白努利當初假設年利率為100％（＝1）。

存款金額的變化

下圖顯示了最初存入金額為「1」，$\frac{1}{n}$年後存款金額變成$(1+\frac{1}{n})$倍時，1年內存款金額的變化情況。「A銀行」的$n=1$，「B銀行」的$n=2$，「C銀行」的$n=4$。隨著n的值越來越大，圖形會逐漸接近「$y=e^x$」的圖形。當n趨近無窮大時，圖形也會無限趨近於$y=e^x$。

1年內存款金額的變化

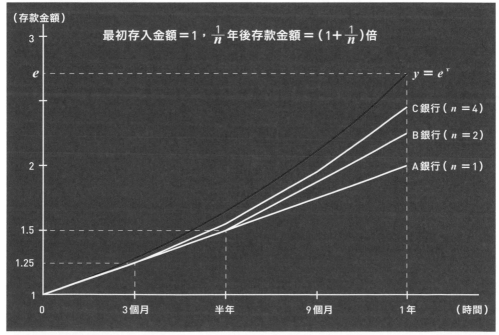

Coffee Break

對數表的製作方法

常用對數表的數值，小數點後的位數越多，計算越準確。在第106~107頁上介紹的常用對數表，真數的範圍是到小數點以下 2 位，對數的值則是到小數點以下 4 位。**對於小數點以下1~3位的數字，要自己計算會比較困難，這時只要使用對**數表，就可以相對容易地求得結果。

這裡我們將介紹如何簡單的計算以10為底數，以 1 到10的正整數為真數的對數。如果遵循❶～❽順序，就可以理解這些對數的值是如何被求出來的。

---

❶ $\log_{10}2$

$2^{10}=1024 \fallingdotseq 1000=10^3$，將等式兩邊取常用對數，

$\log_{10}2^{10} \fallingdotseq \log_{10}10^3$

根據對數律③，

$10 \times \log_{10}2 \fallingdotseq 3 \times \log_{10}10$

由於 $\log_{10}10=1$，

$10 \times \log_{10}2 \fallingdotseq 3 \times 1$

因此，

$\log_{10}2 \fallingdotseq \frac{3}{10}=0.3$

---

❹ $\log_{10}3$

$3^4=81 \fallingdotseq 80$，將等式兩邊取常用對數，

$\log_{10}3^4 \fallingdotseq \log_{10}80$

根據對數律③和①，

$4 \times \log_{10}3 \fallingdotseq \log_{10}(8 \times 10)$

$= \log_{10}8 + \log_{10}10$

$= \log_{10}8 + 1$

由於 $\log_{10}8 \fallingdotseq 0.9$，

$\log_{10}3 \fallingdotseq \frac{1.9}{4}=0.475$

---

❷ $\log_{10}4$

根據對數律③，

$\log_{10}4 = \log_{10}2^2 = 2 \times \log_{10}2$

由於 $\log_{10}2 \fallingdotseq 0.3$，

$\log_{10}4 \fallingdotseq 2 \times 0.3 = 0.6$

---

❺ $\log_{10}9$

與❷類似，

$\log_{10}9 = \log_{10}3^2 = 2 \times \log_{10}3$

由於 $\log_{10}3 \fallingdotseq 0.475$，

$\log_{10}9 \fallingdotseq 2 \times 0.475 = 0.95$

---

❸ $\log_{10}8$

與❷類似，

$\log_{10}8 = \log_{10}2^3 = 3 \times \log_{10}2$

由於 $\log_{10}2 \fallingdotseq 0.3$，

$\log_{10}8 \fallingdotseq 3 \times 0.3 = 0.9$

---

❻ $\log_{10}6$

根據對數律①，

$\log_{10}6 = \log_{10}(2 \times 3)$

$= \log_{10}2 + \log_{10}3$

由於 $\log_{10}2 \fallingdotseq 0.3$，$\log_{10}3 \fallingdotseq 0.475$，

$\log_{10}6 \fallingdotseq 0.3 + 0.475 = 0.775$

❼ $\log_{10}5$

$\log_{10}5 = \log_{10}(10 \div 2)$，
根據對數律①，
$\quad \log_{10}(10 \div 2) = \log_{10}10 - \log_{10}2$
由於 $\log_{10}10 = 1$，$\log_{10}2 \fallingdotseq 0.3$，
$\quad \log_{10}5 = \log_{10}(10 \div 2) \fallingdotseq 1 - 0.3 = 0.7$

❽ $\log_{10}7$

$7^2 = 49 \fallingdotseq 50$，將等式兩邊取常用對數，
$\quad \log_{10}7^2 \fallingdotseq \log_{10}50$
根據對數律①，
$\quad 2 \times \log_{10}7 \fallingdotseq \log_{10}(5 \times 10) = \log_{10}5 + \log_{10}10$
由於 $\log_{10}5 \fallingdotseq 0.7$，$\log_{10}10 = 1$，
$\quad \log_{10}7 \fallingdotseq \dfrac{1.7}{2} = 0.85$

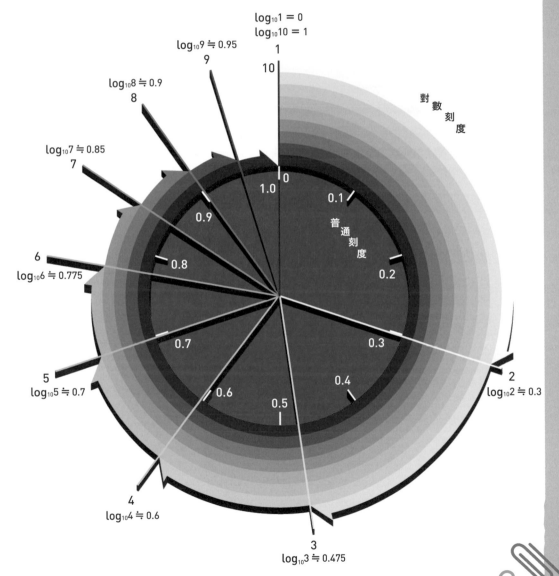

圖中內側的圓是按照普通刻度（等間隔刻度）劃分的，而外側的圓則是對數刻度。需要注意的是，由於10的0次方等於1，所以 $\log_{10}1 = 0$，因此對數刻度的起點（原點）是1。

Coffee Break

布里格斯製作的「常用對數表」

為了輔助天文導航的複雜計算，納皮爾設計了「納皮爾對數表」，這也成為了現代對數的原型（第102~103頁）。

受到納皮爾對數表啟發的人物之中，有一位值得一提的人物，那就是數學家布里格斯（Henry Briggs，1561～1630）。**布里格斯拜訪了納皮爾，經過討論後，他們決定一起製作一個以10為底數，比納皮爾對數表更容易使用的對數表**。編註

然而，納皮爾在那之後很快就去世了，所以布里格斯一個人接下了計算以10為底數的對數（常用對數）這項工作。其後，他在1617年發布了數值到1000為止的常用對數表，1624年發布了到3萬為止的常用對數表。就這樣，與第106～107頁所見的常用對數表一脈相連的第一張表格誕生了。

編註：布里格斯將納皮爾發明的原始對數（以數學常數 e 為底數）改為普通對數（以10為底數）。

布里格斯製作的最初的常用對數表

右邊的照片是布里格斯1617年在倫敦出版的《初級對數》（*Logarithmorum Chilias Prima*）中的一頁。這裡顯示了0～67的數字對應到的常用對數（$\log_{10}1$～$\log_{10}67$），其小數點後14位的數值。雖然照片只呈現局部，但在更右邊還記錄著68之後的數值。

	Logarithmi.		Logarithmi.		Lo
1	00000,00000,00000	34	15314,78917,04226	67	1826
2	03010,29995,66398	35	15440,68044,35028	8	1832
3	04771,21254,71966	36	15563,02500,76729	69	1838
4	06020,59991,32796	37	15682,01724,06700	70	1845
5	06989,70004,33602	38	15797,83596,61681	71	1851
6	07781,51250,38364	39	15910,64607,02650	2	1857
7	08450,98040,01426	40	16020,59991,32796	73	1863
8	09030,89986,99194	41	16127,83856,71974	4	1869
9	09542,42509,43932	2	16232,49290,39790	75	1875
10	10000,00000,00000	43	16334,68455,57959	6	1880
11	10413,92685,15823	4	16434,52676,48619	77	1886
12	10791,81246,04762	45	16532,12513,77534	8	1892
13	11139,43352,30684	6	16627,57831,68157	79	1897
14	11461,28035,67824	47	16720,97857,93572	80	1903
15	11760,91259,05568	8	16812,41237,37559	81	19084
16	12041,19981,65592	49	16901,96080,02851	82	19138
17	12304,48921,37827	50	16989,70004,33602	83	19190
18	12552,72505,10331	51	17075,70176,09794	4	19242
19	12787,53600,95283	2	17160,03343,63480	85	19294
20	13010,29995,66398	53	17242,75869,60079	6	19344
21	13222,19294,73392	4	17323,93759,82297	87	19395
22	13424,22680,82221	55	17403,62689,49424	8	19444
23	13617,27836,01759	6	17481,88027,00620	89	19493
24	13802,11241,71161	57	17558,74855,67249	90	19542
25	13979,40008,67204	8	17634,27993,56294	91	19590
26	14149,73347,97082	59	17708,52011,64214	92	19637
27	14313,63764,15899	60	17781,51250,38364	93	19684
28	14471,58031,34222	61	17853,29835,01077	4	19731
29	14623,97997,89896	2	17923,91689,49825	95	19777
30	14771,21254,71966	63	17993,40549,45358	6	19822
31	14913,61693,83427	4	18061,79973,98389	97	19867
32	15051,49978,31991	65	18129,13356,64286	8	19912
33	15185,13939,87789	6	18195,43935,54187	99	19956
34	15314,78917,04226	67	18260,74802,70083	100	20000

5

對數與物理學的關聯

對數的研究產生了「自然常數 e」。實際上，這個特殊的數字不僅在數學上，在物理學領域也扮演著非常重要的角色。接下來就讓我們詳細介紹數學家尤拉所研究的 e 的奇特性質，以及對數與物理學的關聯。

在科學的各種領域大放異彩的「自然常數 e」

尤拉發現 e 是一個相當特殊的數字

數學界的重要常數之一「自然常數 e」

擺錘運動、電子運動、化學反應等各種自然現象都可以用「微分方程式」來表示。指數函數具有微分後函數形狀不變的特性（第126～127頁），這在解微分方程時非常方便，因此自然常數 e 在科學的世界裡經常出現。自然常數 e 不僅在數學上是一個非常重要的常數，對於整個科學領域來說也是不可或缺的重要常數。

$$y = e^x$$

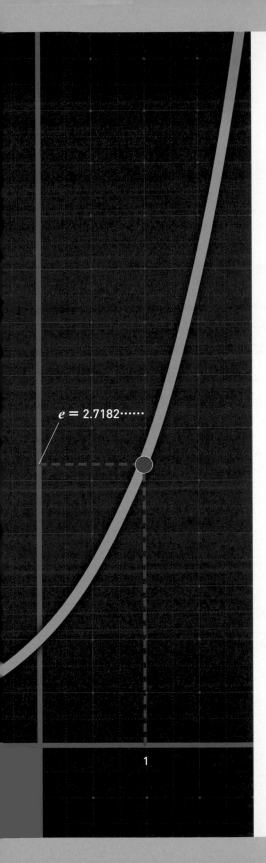

$e = 2.7182\cdots\cdots$

1

在經常被作為指數函數以及對數函數的底數來使用的數字中，有一個相當特別的存在，那就是自然常數「e」。以 e 為底數的對數被稱為「自然對數」。在科學和數學領域中，當提到「對數」時，通常指的就是自然對數，並省略底數 e，僅寫為 $\log x$。同樣，以 e 為底數的指數函數 $y = e^x$ 也經常被簡稱為「指數函數」。然而，e 其實是相當特殊的存在。那麼 e 到底是什麼樣的數字，又為什麼說它是一個特殊的存在呢？

e 是一個小數點後無限循環、無窮無盡的數字，它的值約等於 2.7182818284。這個數字是瑞士數學家白努利在進行利息計算的過程中發現的。

第一個使用「e」這個符號來表示這個數字的是瑞士數學家尤拉（Leonhard Euler，1707～1783）。尤拉首次將 e 作為自然對數的底數符號。目前，e 被認為是尤拉（Euler）名字的開頭，也有一說是指數（exponential）的開頭。**在這之後，e 也因對數的發明者納皮爾而被稱為「納皮爾數」。**

尤拉從對數函數的微分中，發現了e

求某個式子的「極限」就會得到e

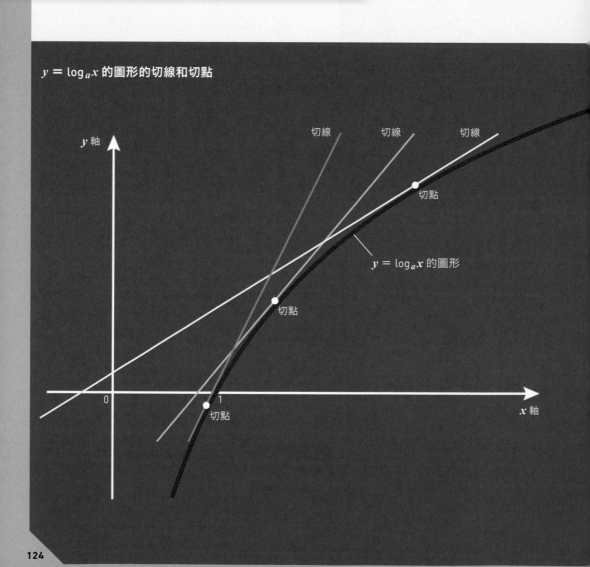

$y = \log_a x$ 的圖形的切線和切點

切線　切線　切線

切點

$y = \log_a x$ 的圖形

y軸

切點

0　　1　　切點　　　　　　　　　x軸

尤拉進行了指數函數和對數函數的微分和積分的研究。所謂微分和積分，是一種可以計算圖形切線斜率和面積的數學工具。

尤拉證明了「$y=\log_a x$」這個對數函數的微分結果是「$(\log_a x)'=\frac{1}{x}\times\log_a \lim\limits_{h\to 0}(1+h)^{\frac{1}{h}}$」。

（　）'表示對括號內的函數進行微分，而「$\lim\limits_{h\to 0}$」表示要計算的是

當 h 趨近於0時計算式的極限值。

尤拉發現了「$\lim\limits_{h\to 0}(1+h)^{\frac{1}{h}}=e$」的這項結果。換句話說，當 h 趨近於0時，「$(1+h)^{\frac{1}{h}}$」的值會逐漸接近 e（收斂到 e）。

「$y=\log_a x$」的微分

$$(\log_a x)' = \frac{1}{x} \times \log_a \lim_{h\to 0}(1+h)^{\frac{1}{h}}$$

尤拉發現的 e

$$\lim_{h\to 0}(1+h)^{\frac{1}{h}} = e$$

微分是什麼？

簡單來說，微分是一種計算圖形斜率的方法。以對數函數「$y=\log_a x$」的微分為例，$y=\log_a x$ 的斜率取決於選取的點在圖形上的位置。我們可以畫一條與圖形相切的直線（切線），並在切線和圖形相交的點（切點）附近計算「y 的變化量 ÷ x 的變化量」，這樣就能求得在該切點的圖形斜率。對函數 $y=\log_a x$ 進行微分後，可以得到一個新的函數，該函數描述了 $y=\log_a x$ 圖形的斜率變化情形。

自然常數*e*的奇妙之處為何

指數函數微分之後形狀也不會改變

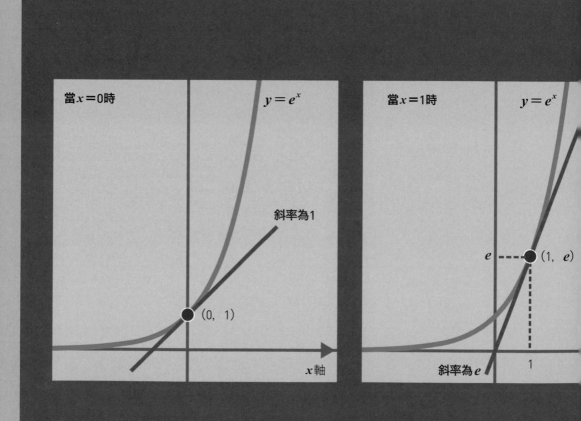

當*x*＝0時

$y = e^x$

斜率為1

(0, 1)

*x*軸

當*x*＝1時

$y = e^x$

e

(1, *e*)

斜率為*e*

1

尤拉從對數函數的微分中發現
了自然常數 e，有一天他發
現以 e 為底數的指數函數 $y=e^x$，
其微分之後的函數形狀並不會改
變，這是其他函數所沒有的特殊
性質。

　　將一個函數微分的意思，是指找
出一個新的函數，且該函數可以表
示原始函數圖形的斜率。表示切線
斜率的函數稱為原始函數的「導函

數」（derivative as a function）。將
$y=e^x$ 的導函數表示為 y'，則上面的
關係可以寫為 $y'=e^x$。

　　**換句話說，尤拉發現了指數函
數 $y=e^x$ 的原始函數和導函數竟然
完全相同。** 這實在是非常奇妙的
一件事。

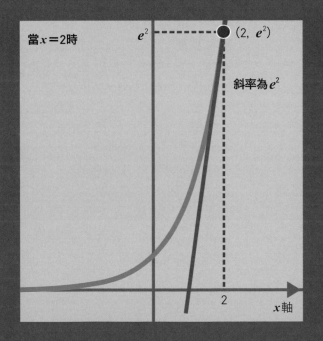

當 $x=2$ 時　　e^2　　　　$(2, e^2)$

斜率為 e^2

2

x 軸

**微分後的函數形狀不會改變，這是
什麼意思呢？**

導函數與原始函數相等的意思是，在
指數函數 $y=e^x$ 上，取任意一點時，
該點的 y 座標和在該點的切線斜率始
終相同。例如，在 $x=0$ 時，y 座標為
$y=e^0=1$，切線的斜率也是 $y'=e^0=$
1（左圖）。在 $x=1$ 時，y 座標為 $y=$
$e^1=e$，切線的斜率也是 $y'=e^1=e$
（中圖）。在 $x=2$ 時，y 座標為 $y=$
e^2，切線的斜率也是 $y'=e^2$（右
圖）。

尤拉公式加速了物理學的發展

尤拉公式能相當方便的產生e

其實尤拉除了發現e之外，還有其他重要的成就。其中一個就是被稱為「尤拉公式」（Euler's formula）的「$e^{ix}=\cos x + i\sin x$」。

這個公式中出現了尤拉從對數中得出的「e」，平方後會變成-1的虛數「i」，以及$\cos x$和$\sin x$等「三角函數」。這個公式的本質在於透過「虛數」的世界，將指數函數和三角函數聯繫在一起。而且這裡出現的指數函數的形式，非常接近容易進行微分和積分的e^x。**透過將這些看似毫無關聯的部分用簡潔的公式連接在一起，尤拉讓指數函數和三角函數之間的轉換能夠經由虛數的世界實現。**

三角函數中的$\sin x$和$\cos x$的圖形如右側的1和2所示。相信你應該能夠看出「$y=\sin x$」和「$y=\cos x$」的圖形形狀完全相同，只是在x軸的方向上有一個「$\frac{\pi}{2}$（$=90°$）」的偏移。

或許你也會注意到，$\sin x$和$\cos x$的圖形是波浪形的。實際上，包括聲波、光波和地震波在內，自然界的「波」基本上都可以用$\sin x$和$\cos x$的圖形來表示（可以將多個波長、振幅不同的$\sin x$和$\cos x$圖形重疊起來表示）。因此，三角函數成為了透過數學計算研究自然界的波時必不可少的函數。

尤拉公式和尤拉恆等式（$e^{i\pi}+1=0$）之所以在物理學中那麼的被重用，背後的主要原因是「自然界的波可以用三角函數來表示」這一事實。編註

編註：諾貝爾物理學獎得主費曼（Richard Phillips Feynman，1918～1988）將尤拉公式稱為「數學中最非凡的公式」。

尤拉公式

$$e^{ix} = \cos x + i \sin x$$

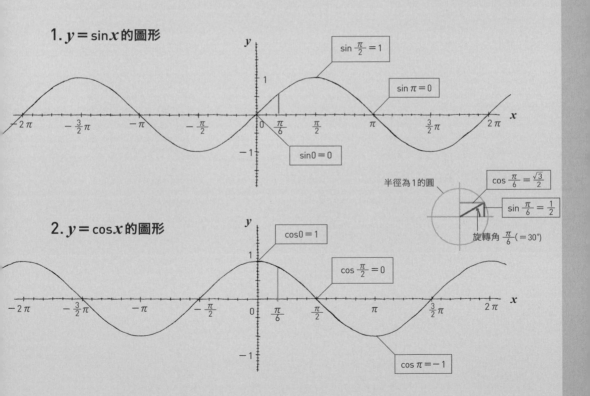

1. $y =$ sin$x$ 的圖形

$\sin \dfrac{\pi}{2} = 1$

$\sin \pi = 0$

$\sin 0 = 0$

半徑為1的圓

$\cos \dfrac{\pi}{6} = \dfrac{\sqrt{3}}{2}$

$\sin \dfrac{\pi}{6} = \dfrac{1}{2}$

旋轉角 $\dfrac{\pi}{6}(=30°)$

2. $y =$ cos$x$ 的圖形

$\cos 0 = 1$

$\cos \dfrac{\pi}{2} = 0$

$\cos \pi = -1$

e在物理學上的貢獻

尤拉公式造福了圓周運動和波動，
甚至推了「量子力學」一把

聲音

在物理學的討論中，經常涉及圓周運動和波動。在處理這些問題時，三角函數是非常有用的工具，然而當遇上需要微分或積分的場合時，三角函數反而會變得不太方便使用。

然而，**尤拉公式的出現，使得圓周運動和波動的物理學研究得到了極大的發展。**

尤拉公式的貢獻不僅限於解釋我們周圍可見的物理現象，甚至在處理微觀世界法則的「量子力學」上也形成莫大的助力。

原本作為一個簡化的計算工具而產生的對數，透過「e」這個特別數值的發現，飛躍性的拓展了人類的知識疆土。

光　　地震波

自然界的「波」

自然界充滿了各種「波」。例如，當我們將石頭投入平靜的湖面時，會產生同心圓形狀的「波」並向外擴散。透過水面傳播的波是一個很直觀的例子，但其他如聲音、光和地震波等，其實也是代表性的波動現象。

Coffee Break

揭示數學奧秘的終極公式

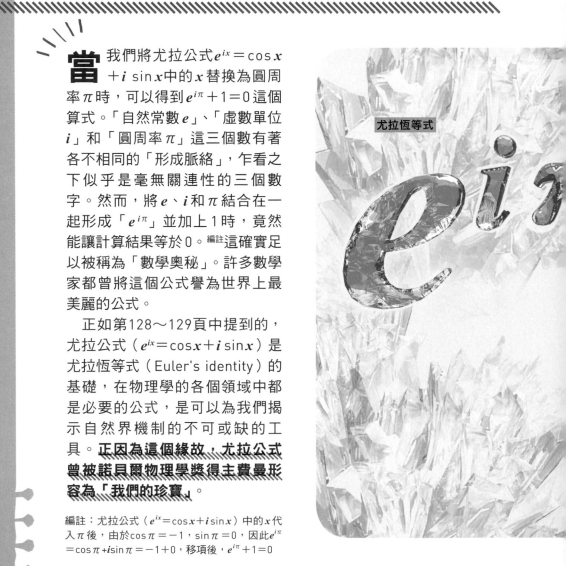

尤拉恆等式

當我們將尤拉公式$e^{ix}=\cos x+i\sin x$中的x替換為圓周率π時，可以得到$e^{i\pi}+1=0$這個算式。「自然常數e」、「虛數單位i」和「圓周率π」這三個數有著各不相同的「形成脈絡」，乍看之下似乎是毫無關連性的三個數字。然而，將e、i和π結合在一起形成「$e^{i\pi}$」並加上1時，竟然能讓計算結果等於0。編註這確實足以被稱為「數學奧秘」。許多數學家都曾將這個公式譽為世界上最美麗的公式。

正如第128～129頁中提到的，尤拉公式（$e^{ix}=\cos x+i\sin x$）是尤拉恆等式（Euler's identity）的基礎，在物理學的各個領域中都是必要的公式，是可以為我們揭示自然界機制的不可或缺的工具。**正因為這個緣故，尤拉公式曾被諾貝爾物理學獎得主費曼形容為「我們的珍寶」。**

編註：尤拉公式（$e^{ix}=\cos x+i\sin x$）中的x代入π後，由於$\cos\pi=-1$，$\sin\pi=0$，因此$e^{i\pi}=\cos\pi+i\sin\pi=-1+0$，移項後，$e^{i\pi}+1=0$

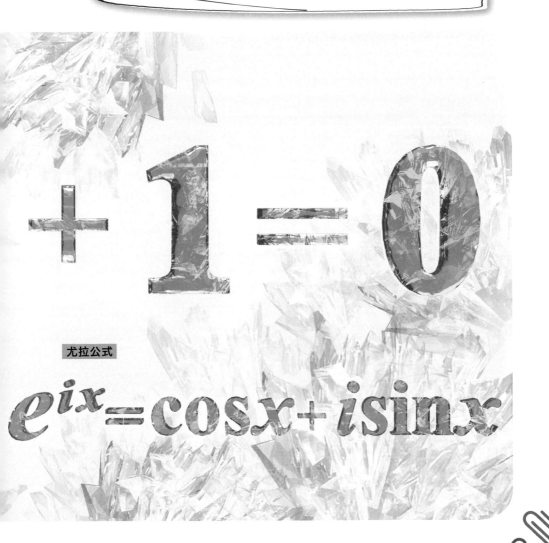

尤拉公式

$$e^{ix} = \cos x + i\sin x$$

Coffee Break

數學界的 3大數字高手 是哪3個？

在數學的世界裡，有三個可以稱為「數學界的3大數字高手」。**分別是圓周率「π」、虛數單位「i」和自然常數「e」**。這些數字經常出現在數學的各種使用情境中。

圓周率π是從圓形中衍生出來的數字，它是圓周除以直徑的結果。π是一個「無理數」（irrational number）編註，其數值約為3.141592…，在小數

π、i、e各自的「形成脈絡」

圓周率π是從圓形中衍生出來的數字（A），虛數單位i是為了求解方程式而產生的數字（B），而自然常數e據說是從金融計算中衍生出來的數字（C）。乍看之下，這三個數字之間似乎沒有任何關係。另外，圖中的插圖是將每個數字的形象與它們的符號結合在一起而成。

A. 圓周率π

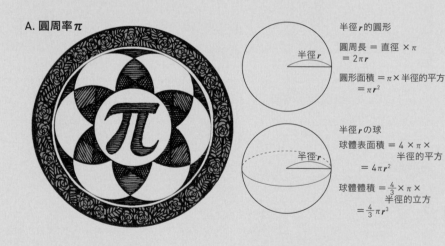

$\pi = 3.141592\cdots$

半徑r的圓形

圓周長 = 直徑 × π
　　　 = $2\pi r$

圓形面積 = π × 半徑的平方
　　　　 = πr^2

半徑rの球

球體表面積 = 4 × π × 半徑的平方
　　　　　 = $4\pi r^2$

球體體積 = $\frac{4}{3}$ × π × 半徑的立方
　　　　 = $\frac{4}{3}\pi r^3$

圓周率π是圓周除以直徑的結果。早在西元前，人們就已經知道圓周率是一個固定的數值。

點之後的是無窮循環的數字。

另外，虛數單位 i 是為了求解方程式而產生的數字，它的平方值等於－1。平方後變成負數的數字，在普通的實數中是不存在的，因此這樣的數字被稱為「虛數」。i 是最為簡單的虛數，也是虛數的單位，因此也被稱為「虛數單位」。

自然常數 e 是算式「$\left(1+\dfrac{1}{n}\right)^n$」在 n 趨近於無窮大時的極限值。

e 也是一個「無理數」，大約為 2.718281…，小數點之後是無窮循環的數字。

據說 e 是在計算銀行的存款利息的過程中產生的數字。而上述的算式也是用來計算存款金額的連續複利公式。

值得注意的是，π、i 和 e 這三個數字的「形成脈絡」是完全不同的。

B. 虛數單位 i

$$i^2 = -1$$
$$i = \sqrt{-1}$$

虛數單位 i 是平方後等於－1的數字。因此也可以表示為「$i=\sqrt{-1}$」。在16世紀的義大利，人們為了求解實數範圍內無解的方程式，創造了虛數單位 i。

C. 自然常數 e

$$e = 2.718281\cdots$$
$$(\log_e x)' = \frac{1}{x}$$
$$(e^x)' = e^x$$

註：（　）'表示對括號內的函數進行「微分」。所謂微分，是計算圖形斜率的一種計算方法。

自然常數 e 是算式「$\left(1+\dfrac{1}{n}\right)^n$」在 n 趨近於無窮大時的極限值。自然常數 e 又稱「納皮爾數」，以紀念發現並發表「對數」的英國數學家納皮爾。而對數是指求取 a 的多少次方等於 x 的計算方式，表示為「$\log_a x$」。

指數函數的定律總整理

下面這些指數函數的定律，記起來
會非常方便

指數函數是什麼？

（當 $a > 0$ 且 $a \neq 1$ 時）

$$y = a^x$$

底數　指數

指數律（當 $a>0$ 且 $b>0$，且 p 和 q 是有理數（可以用整數的分數表示）時）

① $$a^p \times a^q = a^{p+q}$$ $\qquad$ $2^3 \times 2^4 = 8 \times 16 = 128$ $\qquad$ $2^{3+4} = 2^7 = 128$

② $$\left(a^p\right)^q = a^{pq}$$ $\qquad$ $(3^3)^2 = 27^2 = 729$ $\qquad$ $3^{3\times2} = 3^6 = 729$

③ $$(ab)^p = a^p \times b^p$$ $\qquad$ $(3 \times 4)^2 = 12^2 = 144$ $\qquad$ $3^2 \times 4^2 = 9 \times 16 = 144$

④ $$a^p \div a^q = a^{p-q}$$ $\qquad$ $5^3 \div 5 = 125 \div 25 = 5$ $\qquad$ $5^{3-2} = 5^1 = 5$

⑤ $$\left(\frac{b}{a}\right)^p = \frac{b^p}{a^p}$$ $\qquad$ $\left(\frac{9}{3}\right)^3 = 3^3 = 27$ $\qquad$ $\dfrac{9^3}{3^3} = \dfrac{729}{27} = 27$

零次方和負數次方

在第27頁中，我們解釋了「10^3是將10乘以自身3次」。那麼，10^0的值又會是多少呢？我們無法將10乘以0次。然而，無論是什麼數字，它的零次方的數值都是1。這是因為「將a^x乘以a分之1時，指數會減少1」。例如，將10^2乘以10分之1，結果是10^1。再乘以10分之1，結果是10^0，值是1。再乘以10分之1，結果是10^{-1}，值為10分之1。零次方和負數次方的意義，不是用乘法的次數來思考，而是用上述的方法來定義的。

$\dfrac{1}{10}\Big\{\quad 10^2 = 1 \times 10 \times 10$

$\dfrac{1}{10}\Big\{\quad 10^1 = 1 \times 10$

$\dfrac{1}{10}\Big\{\quad 10^0 = 1$

$\dfrac{1}{10}\Big\{\quad 10^{-1} = 1 \times \dfrac{1}{10}$

$\dfrac{1}{10}\Big\{\quad 10^{-2} = 1 \times \dfrac{1}{10} \times \dfrac{1}{10}$

$\dfrac{1}{10}\Big\{\quad 10^{-3} = 1 \times \dfrac{1}{10} \times \dfrac{1}{10} \times \dfrac{1}{10}$

$$a^0 = 1$$
$$a^{-x} = \frac{1}{a^x}$$

（當 $a \neq 0$ 且 x 是正整數時）

小數次方和分數次方

讓我們考慮$10^{0.4}$這個數字。當指數是小數時，首先需要將小數轉換為分數。0.4轉換為分數是5分之2，所以可以改寫為$10^{\frac{2}{5}}$。接下來，以10乘方指數的分母作為第二層指數（乘方的乘方）。根據指數律②，可以得出（$10^{\frac{2}{5}}$）^{5}＝（$10^{\frac{2}{5}\times5}$）＝10^2這意謂著$10^{0.4}$（＝$10^{\frac{2}{5}}$）是「乘以5次方後等於10^2的數字」。

一般來說，「乘以q次方後等於a^p的數字」可以寫為 $\sqrt[q]{a^p}$。$\sqrt[q]{\ }$ 是用來代表「q 次方根」的符號。如下面的算式所示，指數為分數（或是轉換為分數的小數）的數字可以改寫為「次方根」的形式。

$$a^{\frac{p}{q}} = \sqrt[q]{a^p}$$

（當 $a>0$ 且 p 和 q 是正整數時）

因此，$10^{0.4}$（＝$10^{\frac{2}{5}}$）可以表示為 $\sqrt[5]{10^2}$。這可以表示為 $\sqrt[5]{10^2}$，計算其結果，約為2.5119。

對數函數的定律總整理

下面這些對數函數的定律，記起來會非常方便

對數函數是什麼？

（當 $a > 0$ 且 $a \neq 1$，且 $x > 0$ 時）

$$y = \log_a x$$

底數　　真數

$\log_a x$ 的唸法是「以 a 為底數的 x 的對數」。

對數的性質 （當 $a>0$ 且 $a \neq 1$，$M>0$，$N>0$，且 r 是實數時）

① $$\log_a MN = \log_a M + \log_a N$$

$\log_2 (4 \times 32) = \log_2 128 = 7$

$\log_2 4 + \log_2 32 = 2 + 5 = 7$

② $$\log_a \frac{M}{N} = \log_a M - \log_a N$$

$\log_3 \left(\frac{9}{3} \right) = \log_3 3 = 1$

$\log_3 9 - \log_3 3 = 2 - 1 = 1$

③ $$\log_a M^r = r \log_a M$$

$\log_{10} (10)^2 = \log_{10} 100 = 2$

$2\log_{10} (10) = 2 \times 1 = 2$

特殊的對數

當真數為 1 時，無論底數是多少，對數的值都會變為 0。對數表示的是「底數的多少次方等於真數」，由於任何數字的零次方都是 1，所以 $\log_a 1$ 的值一定等於 0。

此外，當真數與底數相同時，對數的值一定為 1。這樣的情況下，對數計算的是「a 的多少次方等於 a」，因此答案是 1。

$$\log_a 1 = 0$$

$$\log_a a = 1$$

（當 $a>0$ 且 $a \neq 1$ 時）

底數的變換公式

使用「底數的變換公式」，可以將任何對數轉換為喜歡的底數。

$$\log_a b = \frac{\log_c b}{\log_c a}$$

（當 $a>0$，$b>0$，$c>0$，且 $a \neq 1$，$c \neq 1$ 時）

$\log_4 64 = 3$

$\dfrac{\log_2 64}{\log_2 4} = \dfrac{6}{2} = 3$

後記

「指數與對數」內容到此結束。你覺得如何呢？

當我們想要比較宇宙的大小或原子的大小等極大或極小的數字時，只要使用對數和指數，就可以更容易地去處理和比較這些數值，相信看完這本書的你已經明白了這一點。

在日常生活中，或許很少會需要處理如此巨大或微小的數字。然而，不論是樂器的音階、噪音的單位，甚至是酸鹼度的指標等等，使用到對數和指數的例子，其實充斥著生活的各個角落。

只要了解加法原理和乘法原理等指數律和對數律，就可以輕鬆地使用對數和指數來計算龐大的數字。希望這本書能夠提供你一個機會，讓你對對數和指數產生更多的興趣。

《新觀念伽利略－指數與對數》「十二年國教課綱數學領域學習內容架構表」

第一碼「主題代碼」：N（數與量）、S（空間與形狀）、G（坐標幾何）、R（關係）、A（代數）、F（函數）、D（資料與不確定性）。
其中R為國小專用，國中、高中轉為A和F。

第二碼「年級代碼」：7至12年級，11年級分11A、11B兩類，12年級選修課程分12甲、12乙兩類。

第三碼「流水號」：學習內容的阿拉伯數字流水號。

頁碼	單元名稱	階段/科目	十二年國教課綱數學領域學習內容架構表
010	利用大概數字快速掌握狀況	國小/數學	**DN-4-4 解題**：對大數取概數。具體生活情境。四捨五入法、無條件進入、無條件捨去。含運用概數做估算。
016	如果每天能力提升1%，一年後會怎樣呢？	國中/數學	**N-7-6 指數的意義**：指數為非負整數的次方；指數的運算。 **N-7-8 科學記號**：以科學記號表達正數，此數可以是很大的數（次方為正整數）。
		高中/數學	**N-10-1 實數**：科學記號數字的運算。 **N-10-3 指數**：實數指數的意義。
018	如果我們將1.01乘以365次，會變成超越想像的數值	國中/數學	**N-7-6 指數的意義**：指數為非負整數的次方；指數的運算。 **N-7-8 科學記號**：以科學記號表達正數，此數可以是很大的數（次方為正整數）。
		高中/數學	**N-10-1 實數**：科學記號數字的運算。 **N-10-3 指數**：實數指數的意義。 **F-11A-4 指數函數**：指數函數及其圖形，按比例成長或衰退的數學模型。 **F-11B-2 按比例成長模型**：指數函數及其生活上的應用。
020	在處理非常大的數字時，我們可以使用指數	國中/數學	**N-7-6 指數的意義**：指數為非負整數的次方；指數的運算。 **N-7-8 科學記號**：以科學記號表達正數，此數可以是很大的數（次方為正整數）。
		高中/數學	**N-10-1 實數**：科學記號數字的運算。 **N-10-3 指數**：實數指數的意義。
022	指數在表示極小的數字時也很方便	國中/數學	**N-7-8 科學記號**：以科學記號表達正數，此數可以是很大的數（次方為正整數），也可以是很小的數（次方為負整數）。
026	「對數」用來表示重複相乘的次數	高中/數學	**N-10-4 常用對數**：log的意義，常用對數與科學記號連結。
028	以圖形呈現對數函數的形狀	高中/數學	**F-11A-4 對數函數**：常用對數函數的圖形，在科學和金融上的應用。 **F-11B-2 按比例成長模型**：對數函數及其生活上的應用。
030	指數和對數是互相對應的！	高中/數學	**F-11A-4 指數與對數函數**：指數函數及其圖形，按比例成長或衰退的數學模型，常用對數函數的圖形。
032	「函數」到底是什麼呢？	高中/數學	**F-10-1 一次函數**：從方程式到$f(x)$的形式轉換，一次函數圖形與 = 圖形的關係。 **F-12甲/乙-1 函數**：對應關係。
040	鋼琴中也蘊藏著指數函數的圖形	高中/數學	**F-11A-4 指數函數**：指數函數及其圖形，按比例成長或衰退的數學模型。 **F-11B-2 按比例成長模型**：指數函數及其生活上的應用。
042	感染病例的數量以指數方式成長	高中/數學	**F-11A-4 指數函數**：指數函數及其圖形，按比例成長或衰退的數學模型。 **F-11B-2 按比例成長模型**：指數函數及其生活上的應用。
044	將紙張對半剪開後疊放在一起吧	國中/數學	**N-7-6 指數的意義**：指數為非負整數的次方；指數的運算。 **N-7-8 科學記號**：以科學記號表達正數，此數可以是很大的數（次方為正整數）。
		高中/數學	**N-10-1 實數**：科學記號數字的運算。 **N-10-3 指數**：實數指數的意義。
046	將紙張繼續對半裁切後疊放	國中/數學	**N-7-6 指數的意義**：指數為非負整數的次方；指數的運算。 **N-7-8 科學記號**：以科學記號表達正數，此數可以是很大的數（次方為正整數）。
		高中/數學	**N-10-1 實數**：科學記號數字的運算。 **N-10-3 指數**：實數指數的意義。
048	潛入海中越深，周圍會變得越來越暗	高中/數學	**F-11A-4 指數函數**：指數函數及其圖形，按比例成長或衰退的數學模型。 **F-11B-2 按比例成長模型**：指數函數及其生活上的應用。
050	利息生利息的「複利法」	高中/數學	**F-11A-4 指數函數**：按比例成長或衰退的數學模型。 **F-11B-2 按比例成長模型**：指數函數及其生活上的應用，例如金融與理財，連續複利與 e 的認識。 **N-12甲-1 數列的極限**：從連續複利認識常數 e。

052	放射性物質的衰變也遵循倍增法則	高中/數學	F-11A-4 **指數函數**：按比例成長或衰退的數學模型。
054	用對數來了解吉他音格的原理	高中/數學	F-11B-2 **按比例成長模型**：對數函數及其生活上的應用。
056	地震的大小是用地震規模來比較的	高中/數學	F-11B-2 **按比例成長模型**：對數函數及其生活上的應用，例如地震規模。
058	星星的等級也是由對數決定	高中/數學	F-11A-4 **對數函數**：常用對數函數，在科學上的應用。
060	測量噪音的單位也使用了對數	高中/數學	F-11A-4 **對數函數**：常用對數函數，在科學上的應用。
062	酸性和鹼性的指標也是以對數表示	高中/數學	F-11A-4 **對數函數**：常用對數函數，在科學上的應用。
064	使用對數圖形，讓長期變化一目瞭然	高中/數學	F-11A-4 **指數與對數函數**：常用對數函數的圖形，在金融上的應用。
066	刻度不均勻卻非常實用的「對數刻度」	高中/數學	N-10-4 **常用對數**：log的意義，常用對數與科學記號連結。 F-11A-4 **對數函數**：常用對數函數的圖形。
068	用對數圖表觀察感染人數的變化趨勢	高中/數學	F-11A-4 **指數與對數函數**：按比例成長或衰退的數學模型，常用對數函數的圖形，在科學和金融上的應用。 F-11B-2 **按比例成長模型**：指數函數與對數函數及其生活上的應用。
070	從對數觀測到的宇宙法則	高中/數學	F-11A-4 **對數函數**：常用對數函數的圖形，在科學上的應用。
072	隱藏在玻璃碎片尺寸中的對數	高中/數學	F-11A-4 **對數函數**：常用對數函數的圖形，在科學上的應用。
078	《指數律①》底數相同的乘方相乘，等於指數的相加	國中/數學	N-7-7 **指數律**：以數字例表示「同底數的乘法指數律」（$a^m \times a^n = a^{m+n}$，其中m, n為非負整數）。
080	《指數律②》乘方的乘方，等於指數的相乘	國中/數學	N-7-7 **指數律**：以數字例表示「同底數的乘法指數律」（$(a^m)^n = a^{mn}$，其中m, n為非負整數）。
082	《指數律③》不同底數乘方相乘的乘方，等於各底數的指數先分別乘以整體指數後再相乘	國中/數學	N-7-7 **指數律**：以數字例表示「同底數的乘法指數律」（$(a \times b)^n = a^n \times b^n$，其中$m, n$為非負整數）。
084	「2^0」「0^0」的答案為何？	國中/數學	N-7-6 **指數的意義**：指數為非負整數的次方；$a \neq 0$時$a^0 = 1$。
086	《對數律①》真數的乘法可轉換為對數的加法	高中/數學	A-11A-4 **對數律**：從10^x及指數律認識log的對數律，其基本應用，並用於求解指數方程式。
088	《對數律②》真數的除法可轉換為對數的減法	高中/數學	A-11A-4 **對數律**：從10^x及指數律認識log的對數律，其基本應用，並用於求解指數方程式。

090	《對數律③》真數的乘方可簡化為簡單的乘法	高中/數學	A-11A-4 **對數律**：從10^x及指數律認識log的對數律，其基本應用，並用於求解指數方程式。
092	每日倍增的零用錢？	高中/數學	A-11A-4 **對數律**：從10^x及指數律認識log的對數律，其基本應用，並用於求解指數方程式。
094	累計超過10億日圓竟然只要這麼短的時間	高中/數學	A-11A-4 **對數律**：從10^x及指數律認識log的對數律，其基本應用，並用於求解指數方程式。
098	計算尺中隱藏著的對數原理	高中/數學	A-11A-4 **對數律**：從10^x及指數律認識log的對數律，其基本應用，並用於求解指數方程式。
108	使用對數計算法，計算看看131×219吧	高中/數學	A-11A-4 **對數律**：從10^x及指數律認識log的對數律，其基本應用，並用於求解指數方程式。
110	使用對數計算法，計算看看2的29次方吧	高中/數學	A-11A-4 **對數律**：從10^x及指數律認識log的對數律，其基本應用，並用於求解指數方程式。
112	使用對數計算法，計算看看2的12次方根吧	高中/數學	A-11A-4 **對數律**：從10^x及指數律認識log的對數律，其基本應用，並用於求解指數方程式。
114	存在銀行的錢會怎麼增加呢？	高中/數學	N-12甲-1 **數列的極限**：從連續複利認識常數e。
116	對數表的製作方法	高中/數學	A-11A-4 **對數律**：從10 及指數律認識log的對數律，其基本應用，並用於求解指數方程式。
122	在科學的各種領域大放異彩的「自然常數e」	高中/數學	N-12甲-1 **數列的極限**：從連續複利認識常數e。
124	尤拉從對數函數的微分中，發現了e	高中/數學	F-11B-2 **按比例成長模型**：e的認識，自然對數函數。 N-12甲-1 **數列的極限**：從連續複利認識常數e 。 F-12甲/乙-3 **微分**：切線與導數。
126	自然常數e的奇妙之處為何	高中/數學	F-12甲-3 **微分**：導數與導函數的極限定義，切線與導數，簡單代數函數之導函數。 F-12乙-3 **微分**：導數與導函數的極限定義，切線與導數，簡單代數函數之導函數。
128	尤拉公式加速了物理學的發展	高中/數學	F-11A-1 **三角函數的圖形**：sin,cos函數的圖形、週期性，週期現象的數學模型。 F-11A-4 **指數函數**：指數函數及其圖形，按比例成長或衰退的數學模型。
134	數學界的3大數字高手是哪3個？	高中/數學	N-12甲-1 **數列的極限**：從連續複利認識常數e。
136	指數函數的定律總整理	國中/數學	N-7-6 **指數的意義**：指數為非負整數的次方；$a \neq 0$時$a0 = 1$；指數的運算。 N-7-7 **指數律**：以數字例表示「同底數的乘法指數律」（$a^m \times a^n = a^{m+n}$，其中m, n為非負整數）。 N-7-7 **指數律**：以數字例表示「同底數的乘法指數律」（$(a^m)^n = a^{mn}$，其中m, n為非負整數）。 N-7-7 **指數律**：以數字例表示「同底數的乘法指數律」（$(a \times b)^n = a^n \times b^n$，其中$m, n$為非負整數）。
		高中/數學	N-10-3 **指數**：非負實數之小數或分數次方的意義。
138	對數函數的定律總整理	高中/數學	N-10-4 **常用對數**：log的意義，常用對數與科學記號連結。 A-11A-4 **對數律**：從10及指數律認識log的對數律，其基本應用，並用於求解指數方程式。

Staff

Editorial Management	木村直之
Cover Design	岩本陽一
Design Format	宮川愛理
Editorial Staff	小松研吾, 谷合 稔

Photograph

9	Siam/stock.adobe.com	87〜91	DESIGN ARTS/stock.adobe.com
17	Siam/stock.adobe.com	97	NASA
25	Rymden/stock.adobe.com	103	tonefotografia/stock.adobe.com, public domain
35	MSB.Photography/stock.adobe.com	105	benjaminec/stock.adobe.com, Vlad Ivantcov/
39, 72-73	Alta Oosthuizen/stock.adobe.com		stock.adobe.com
74-75	NASA	119	public domain
77	tonefotografia/stock.adobe.com	130〜131	OneClic/stock.adobe.com
79〜83	DESIGN ARTS/stock.adobe.com		

Illustration

表紙カバー	Newton Press	59〜63	Newton Press
表紙	Newton Press	64-65	吉原成行・Newton Press
2	Newton Press	66〜69	Newton Press
7	吉原成行	70-71	吉原成行・Newton Press
9〜13	Newton Press	73	Newton Press
14-15	石井恭子・Newton Press	77	Newton Press
18〜23	Newton Press	92〜95	Newton Press
26〜29	Newton Press	97〜101	Newton Press
30-31	吉原成行	105	Newton Press
33	Newton Press	108〜117	Newton Press
36-37	Newton Press	121	岡田香澄, Newton Press
39	Newton Press, 岡田香澄	122-123	岡田香澄
40〜55	Newton Press	124〜135	Newton Press
56-57	岡田香澄	141	Newton Press

【新觀念伽利略05】

指數與對數
學會便能強化數學能力

作者／日本Newton Press

執行副總編輯／王存立

翻譯／馬啟軒

發行人／周元白

出版者／人人出版股份有限公司

地址／231028 新北市新店區寶橋路235巷6弄6號7樓

電話／（02）2918-3366（代表號）

傳真／（02）2914-0000

網址／www.jjp.com.tw

郵政劃撥帳號／16402311 人人出版股份有限公司

製版印刷／長城製版印刷股份有限公司

電話／（02）2918-3366（代表號）

香港經銷商／一代匯集

電話／（852）2783-8102

第一版第一刷／2024年6月

定價／新台幣380元
　　　港幣127元

國家圖書館出版品預行編目（CIP）資料

指數與對數：學會便能強化數學能力
日本Newton Press作；
馬啟軒翻譯. -- 第一版. --
新北市：人人出版股份有限公司, 2024.06
面；公分. —（新觀念伽利略；5）
ISBN 978-986-461-390-8（平裝）
1.CST：指數函數 2.CST：對數
3.CST：中等教育

314.55　　　　　　　　　　113004767